U0183837

# 计算思维与大学计算机基础教程
# 实验指导

主　编　姚亦飞

副主编　刘　妍　何　鹍　刘光洁

科学出版社

北　京

## 内 容 简 介

本书参照教育部提出的非计算机专业计算机基础教学三层次的要求和全国计算机等级考试大纲编写，是与《计算思维与大学计算机基础教程》（刘光洁主编，科学出版社出版）配套的上机实验指导教材。

本书分为 4 个部分：第 1 部分为实验准备，包括计算机基础知识以及与 Office 2016 系列办公软件相关的基本知识；第 2 部分为实验指导，与第 1 部分的知识相对应，共计 10 个实验，每个实验都给出了详细的操作步骤以及实验结果；第 3 部分为综合练习，包括 Word 综合练习、Excel 综合练习、PowerPoint 综合练习；第 4 部分为模拟测试，包括 10 套全国计算机等级考试上机模拟题。

本书可作为大学计算机基础课程的配套实验教材，还可作为计算机技能培训或全国计算机等级考试的参考资料。

**图书在版编目（CIP）数据**

计算思维与大学计算机基础教程实验指导/姚亦飞主编. —北京：科学出版社，2021.8
ISBN 978-7-03-068876-7

Ⅰ.①计⋯ Ⅱ.①姚⋯ Ⅲ.①计算方法-思维方法-高等学校-教学参考资料②电子计算机-高等学校-教学参考资料 Ⅳ.①O241②TP3

中国版本图书馆 CIP 数据核字（2021）第 100491 号

责任编辑：戴 薇 宫晓梅 / 责任校对：马英菊
责任印制：吕春珉 / 封面设计：东方人华平面设计部

*科学出版社* 出版
北京东黄城根北街 16 号
邮政编码：100717
http://www.sciencep.com
天津市新科印刷有限公司印刷
科学出版社发行 各地新华书店经销
\*

2021 年 8 月第 一 版 开本：787×1092 1/16
2024 年 8 月第五次印刷 印张：13 1/4
字数：311 300
定价：47.00 元
（如有印装质量问题，我社负责调换）
销售部电话 010-62136230 编辑部电话 010-62135397-2047

# 前　　言

随着计算机技术和互联网的快速发展，计算机应用能力已成为人们生活和工作中必须掌握的一项基本技能，计算思维成为当代大学生的一种基本素养，但是计算思维的培养仅依靠理论教学是不够的，往往需要通过实践进行思维能力的训练及操作技能的提高。

本书是与《计算思维与大学计算机基础教程》（刘光洁主编，科学出版社出版）配套的上机实验指导教材。实验是教学过程中必不可少的重要环节，是培养学生计算机操作能力和综合应用能力的重要途径。本书在注重讲解理论知识的同时，重视实践应用、实验与理论的有机结合，将核心知识点全部渗透在典型案例中。案例具有内容丰富、深入浅出、图文并茂、实用性强的特点，能够更好地帮助学生理解和掌握计算机基础与Office 2016 基本应用中的重点和难点。

本书分为 4 个部分：第 1 部分为实验准备，共包含 4 章，主要介绍计算机基础知识以及 Office 2016 系列办公软件中常用到的 Word 2016、Excel 2016 和 PowerPoint 2016 的相关内容，与第 2 部分实验指导的各章内容相互对应，作为上机实践练习的基础，全面介绍了与实验相关的基本知识，注重基础性、系统性与全面性。第 2 部分为实验指导，其内容与第 1 部分的内容相对应，共计 10 个实验，根据教学目标设计，以帮助学生熟悉和掌握各章节知识点的实践方法。每个实验都给出了详细的操作步骤以及实验结果。第 3 部分和第 4 部分分别为综合练习和模拟测试，结合主教材各章所介绍的知识和操作，并参考全国计算机等级考试的需要而设计，读者可登录网址 http:www.abook.cn 下载相关素材。每一个题目都描述了具体的应用环境和功能要求，读者需利用所掌握的知识并加以综合运用，实现指定的功能，以强化分析问题、处理问题的综合能力。

本书由姚亦飞主编，刘妍、何鹂、刘光洁为副主编。感谢吴登峰、陈然、晏愈光、孙英娟、姜艳、吴爽、杨鑫、贾学婷、孙明玉等在编写过程中给予的支持和帮助，使本书得以顺利成稿。

由于编者水平有限，书中难免有不足之处，恳请广大读者批评指正。

# 目 录

## 第 1 部分 实 验 准 备

第 1 章 计算机基础知识 ……………………………………………………………………… 3

1.1 键盘和鼠标的操作 ……………………………………………………………… 3

1.1.1 键盘的介绍 …………………………………………………………………… 3

1.1.2 鼠标的使用 …………………………………………………………………… 5

1.2 指法练习 ………………………………………………………………………… 6

1.2.1 打字姿势 …………………………………………………………………… 6

1.2.2 打字指法 …………………………………………………………………… 6

1.2.3 金山打字通 ………………………………………………………………… 7

1.3 常用软件及办公设备的应用 …………………………………………………… 8

1.3.1 常用软件的应用 …………………………………………………………… 9

1.3.2 常用办公设备的应用 ……………………………………………………… 17

第 2 章 文字处理软件 Word 2016 …………………………………………………………… 20

2.1 Word 2016 概述 ………………………………………………………………… 20

2.1.1 启动 Word 2016 …………………………………………………………… 20

2.1.2 Word 2016 窗口及其组成 ………………………………………………… 20

2.1.3 退出 Word 2016 …………………………………………………………… 22

2.2 Word 2016 基本操作 …………………………………………………………… 22

2.2.1 新建文档 …………………………………………………………………… 22

2.2.2 插入点位置的确定 ………………………………………………………… 23

2.2.3 文字的录入 ………………………………………………………………… 25

2.2.4 文档的保存 ………………………………………………………………… 27

2.3 Word 2016 排版技术 …………………………………………………………… 28

2.3.1 页面设置 …………………………………………………………………… 28

2.3.2 页眉、页脚和页码的设置 ………………………………………………… 30

2.3.3 文字格式的设置 …………………………………………………………… 31

2.3.4 段落的排版 ………………………………………………………………… 33

2.3.5 使用"格式刷"复制字符和段落格式 …………………………………… 34

2.3.6 分栏和首字下沉 …………………………………………………………… 34

2.3.7 边框和底纹 ………………………………………………………………… 35

2.3.8 项目符号与编号 …………………………………………………………… 36

2.3.9 文档的打印 ………………………………………………………………… 37

2.4　Word 2016 表格制作 ································································· 38
　　2.4.1　创建表格 ······································································· 38
　　2.4.2　编辑表格 ······································································· 39
　　2.4.3　修饰表格 ······································································· 41
　　2.4.4　表格的数据处理 ······························································ 42
2.5　Word 2016 图文混排功能 ························································· 43
　　2.5.1　插入图片 ······································································· 44
　　2.5.2　图片的格式化 ··································································· 44
　　2.5.3　绘制图形 ······································································· 45
　　2.5.4　艺术字的使用 ··································································· 45
　　2.5.5　使用文本框 ····································································· 46

第 3 章　电子表格软件 Excel 2016 ···················································· 47
3.1　Excel 2016 概述 ································································· 47
　　3.1.1　Excel 2016 的启动与退出 ······················································ 47
　　3.1.2　Excel 2016 的基本概念 ······················································· 47
3.2　Excel 2016 基本操作 ····························································· 48
　　3.2.1　新建工作簿 ····································································· 48
　　3.2.2　打开已存在的工作簿 ···························································· 49
　　3.2.3　保存工作簿 ····································································· 49
　　3.2.4　关闭工作簿 ····································································· 49
　　3.2.5　保护工作簿 ····································································· 49
3.3　输入和编辑数据 ··································································· 50
　　3.3.1　输入数据 ······································································· 50
　　3.3.2　快速输入数据 ··································································· 51
3.4　编辑工作表 ······································································· 53
　　3.4.1　工作表的基本操作 ······························································ 53
　　3.4.2　页面设置与打印设置 ···························································· 54
3.5　格式化工作表 ····································································· 56
　　3.5.1　设置行高与列宽 ································································· 56
　　3.5.2　设置单元格格式 ································································· 56
　　3.5.3　格式设置的自动化 ······························································ 57
3.6　公式与函数 ······································································· 58
　　3.6.1　公式操作的基本方法 ···························································· 58
　　3.6.2　引用单元格 ····································································· 60
　　3.6.3　使用函数的基本方法 ···························································· 60
3.7　图表 ············································································· 63
　　3.7.1　创建图表 ······································································· 63
　　3.7.2　编辑和修改图表 ································································· 64
　　3.7.3　修饰图表 ······································································· 64

3.8 工作表中的数据库操作 ·································································· 64
   3.8.1 数据排序 ······················································································ 64
   3.8.2 数据筛选 ······················································································ 65
   3.8.3 数据分类汇总 ················································································ 66
   3.8.4 建立数据透视表 ············································································ 66
   3.8.5 建立超链接 ··················································································· 67

第 4 章 演示文稿软件 PowerPoint 2016 ············································· 68
4.1 PowerPoint 2016 基础 ·································································· 68
   4.1.1 PowerPoint 2016 演示文稿的创建 ·················································· 68
   4.1.2 打开与关闭演示文稿 ······································································· 69
4.2 制作简单的演示文稿 ····································································· 69
   4.2.1 创建演示文稿 ················································································ 69
   4.2.2 编辑幻灯片中的基本操作 ································································· 69
   4.2.3 移动、复制、隐藏及删除幻灯片 ······················································ 70
   4.2.4 保存演示文稿 ················································································ 71
4.3 演示文稿的显示视图 ····································································· 71
   4.3.1 视图 ···························································································· 71
   4.3.2 幻灯片普通视图下的操作 ································································· 72
   4.3.3 幻灯片浏览视图下的操作 ································································· 73
4.4 修饰幻灯片的外观 ········································································ 73
   4.4.1 用母版统一幻灯片的外观 ································································· 73
   4.4.2 幻灯片背景设置 ············································································· 74
   4.4.3 幻灯片主题设置 ············································································· 75
   4.4.4 应用设计模板 ················································································ 77
4.5 添加图形、表格和艺术字 ······························································ 78
   4.5.1 绘制基本图形 ················································································ 78
   4.5.2 插入表格 ······················································································ 78
   4.5.3 插入艺术字 ··················································································· 79
4.6 添加多媒体对象 ··········································································· 79
4.7 幻灯片放映设计 ··········································································· 79
   4.7.1 为幻灯片中的对象设置动画效果 ······················································ 79
   4.7.2 幻灯片的切换效果设计 ···································································· 80
   4.7.3 演示文稿中的超链接 ······································································· 81
   4.7.4 幻灯片的放映方式设计 ···································································· 82
   4.7.5 交互式放映文稿 ············································································· 83

## 第 2 部分 实 验 指 导

实验 1 计算机基本操作 ·································································· 87

实验 2　键盘操作与指法练习 ……………………………………………… 93

实验 3　常用软件的操作 …………………………………………………… 100

实验 4　Word 2016 图文混排 ……………………………………………… 117

实验 5　Word 2016 表格操作 ……………………………………………… 125

实验 6　Excel 2016 基本操作 ……………………………………………… 130

实验 7　Excel 2016 公式和函数 …………………………………………… 136

实验 8　Excel 2016 数据管理和图表 ……………………………………… 140

实验 9　PowerPoint 2016 基本操作 ……………………………………… 146

实验 10　PowerPoint 2016 动画和跳转 …………………………………… 159

# 第 3 部分　综 合 练 习

综合练习 1　Word 综合练习 ……………………………………………… 167

综合练习 2　Excel 综合练习 ……………………………………………… 171

综合练习 3　PowerPoint 综合练习 ……………………………………… 175

# 第 4 部分　模 拟 测 试

模拟测试 1 …………………………………………………………………… 181

模拟测试 2 …………………………………………………………………… 183

模拟测试 3 …………………………………………………………………… 185

模拟测试 4 …………………………………………………………………… 187

模拟测试 5 …………………………………………………………………… 189

模拟测试 6 …………………………………………………………………… 191

模拟测试 7 …………………………………………………………………… 193

模拟测试 8 …………………………………………………………………… 195

模拟测试 9 …………………………………………………………………… 197

模拟测试 10 ………………………………………………………………… 199

参考文献 ……………………………………………………………………… 201

# 第 1 部分

# 实 验 准 备

本部分共包含 4 章，主要介绍计算机基础知识，以及 Office 2016 系列办公软件中常用到的 Word 2016、Excel 2016 和 PowerPoint 2016 的相关内容，与第 2 部分实验指导的各章内容相互对应，作为上机实践练习的基础。

# 第1章 计算机基础知识

**学习目标：**

- 掌握鼠标和键盘的基本操作。
- 学会使用金山打字通进行中英文打字练习。
- 了解常用软件及办公设备的应用。

## 1.1 键盘和鼠标的操作

键盘和鼠标是操作计算机必不可少的两样工具。本节主要介绍标准键盘的功能分区、笔记本式计算机键盘常用的功能键以及鼠标的使用。

### 1.1.1 键盘的介绍

1．标准键盘的介绍

标准键盘主要分为 3 个区：主键区、编辑键区、数字小键盘，如图 1-1-1 所示。

主键区　　　　编辑键区　数字小键盘

图 1-1-1　标准键盘

（1）主键区：又称打字键区，主要包括字母键、数字键、符号键、特殊键。

（2）编辑键区：在编辑状态时，上下左右方向键、【Home】键和【End】键用于光标的移动，【PageUp】键和【PageDown】键用于上下翻页，【Insert】键用于插入和改写状态转换，【Delete】键用于删除光标所在位置右边的一个字符或其他被选中的对象，【PrintScreen】键用于屏幕复制。

（3）数字小键盘：键盘的右方还有一个数字小键盘，其中包含 9 个数字键，排列紧凑，可用于财会方面大量数字的连续输入。当使用小键盘输入数字时应按下【NumLock】键，此时对应的指示灯亮。NumLock 指示灯不亮时，不能用小键盘输入数字。

2. 常用键的功能

【Esc】（退出）键：常用于结束正在运行的程序，或者返回上一级菜单。如果同时按下【Ctrl】键和【Esc】键，就可以弹出"开始"菜单，再按【Esc】键则可关闭菜单。

【Tab】（制表）键：在文字处理软件（如 Word）中用于定位输入。

【Caps Lock】（字符大小写转换）键：按下【Caps Lock】键，如果键盘右上角的 Caps Lock 指示灯亮，则为大写状态，否则为小写状态。

【Shift】（上档字符）键：按住【Shift】键，如果再按英文字符键，则输入大写的英文字母；按住【Shift】键，若按主键区的数字键，则输入上档字符。例如，按住【Shift】键，再按数字键【2】，则输入字符@。

【Ctrl】（控制功能）键：如果按住【Ctrl】键，再按【S】键，可以保存文档。

【Alt】（组合功能）键：如果按住【Alt】键，再按【F4】键，可以关闭应用程序窗口。

【Backspace】（退格）键：删除光标所在位置左边的一个字符。

【Enter】（回车）键：确认结束输入，按此键光标跳到下一行。

【Delete】（删除）键：删除光标所在位置右边的一个字符或其他被选中的对象。

【NumLock】（数字编辑）键：按下此键，NumLock 指示灯亮时，可用数字小键盘输入数字。

【←】【→】【↑】【↓】（光标控制）键：按下光标控制键，可将光标定位到指定位置。

3. 笔记本式计算机键盘的介绍

与标准键盘相比，笔记本式计算机键盘只有 80 键，如图 1-1-2 所示。由于笔记本式计算机键盘较小且键较少，一些增强型键盘功能必须使用两个键组合来实现标准键盘上的单键功能。按下【Fn】键和任意功能键可模拟增强型键盘的功能，所以要使用功能键的话一定要先找到【Fn】这个按键。

图 1-1-2　笔记本式计算机键盘

【Fn】键一般被设计在键盘区域的左下方，通常在【Ctrl】键旁边，想实现其功能最直接的办法就是【Fn+××】功能键。

下面介绍一下【Fn】键的使用方法。

【Fn+F3】：关闭计算机显示器，保持黑屏。

【Fn+F4】：让计算机处于待机状态。

【Fn+F5】：启用/关闭计算机内置无线网络设备和蓝牙设备。

【Fn+F7】：内容在笔记本式计算机的液晶屏、连接的外接监视器（或投影机）或同时在两者上显示输出。第一次按下此组合键将使内容显示从笔记本式计算机的液晶屏转换到外接监视器，第二次按此组合键可使内容显示同时出现在笔记本式计算机的液晶屏和外接监视器上，第三次按此组合键则又将内容显示切换到笔记本式计算机的液晶屏上。

【Fn+F8】：如果笔记本式计算机的液晶屏不能满屏显示内容，此组合键可在扩展方式和正常方式之间切换计算机屏幕的尺寸。

【Fn+Home】：调节屏幕亮度。

【Fn+End】：与【Fn+Home】是对应键，每按一次亮度降低一级，到最低亮度后停止。

【Fn+PageUp】：ThinkLight 灯开关键，按一次打开键盘灯，再按一次关闭。

【Fn+Spacebar】：启用全屏幕放大功能。

【Fn+NumLock】：启用数字小键盘。

【FN+向上光标控制键】：等于按下【PageUp】键。

【Fn】键锁定功能：相当于保持按住【Fn】键，再去按某个功能键。

## 1.1.2 鼠标的使用

使用鼠标可以快速直观地操作桌面上的各种对象。鼠标的基本操作包括单击、双击、拖动等。移动鼠标，可以观察到屏幕上鼠标指针的运动轨迹。

（1）单击操作：鼠标的单击操作分为左击和右击两种。

左击：按一次鼠标左键，称为左击，主要用于选定一个对象。

右击：按一次鼠标右键，称为右击，通常会弹出一个快捷菜单。当右击不同的对象时，弹出的菜单不仅位置不同，内容也是不相同的。

（2）双击操作：快速按两次鼠标左键，称为双击，主要用于运行应用程序，打开应用程序窗口。

（3）拖动：也称左拖。选中对象后按住鼠标左键不放，把鼠标指针移动到一个新的位置后，松开鼠标左键，一般用于移动或复制选中的对象。例如，选中"回收站"图标后，拖动到另一个位置。

（4）右拖：在 Windows 10 中，按下鼠标右键也可以实现拖动，操作方法是选中一个或多个对象后，按住鼠标右键将选中对象移至目标位置后释放，这时弹出一个快捷菜单，选择相应的命令即可。选中的对象不同，所出现的菜单也不同。

（5）移动：握住鼠标在平面上移动时，计算机屏幕上的鼠标指针会随之移动。通常情况下，鼠标指针的形状是一个小箭头"↖"。

（6）指向：移动鼠标，将鼠标指针移动到屏幕上一个特定的位置或某一个对象上。

# 1.2　指法练习

熟练地使用键盘在计算机中进行中英文的录入是计算机应用过程中必不可少的一项技能。本节将介绍打字姿势、打字指法以及如何运用金山打字通软件进行打字指法练习。

## 1.2.1　打字姿势

开始打字之前一定要端正坐姿。坐姿不正确不但会影响打字速度，还很容易疲劳、出错。正确的坐姿如下。

（1）身体保持端正，两脚平放。桌椅的高度以双手可平放桌上为准，桌椅之间的距离以手指能轻放基本键位为准。

（2）两臂自然下垂，两肘贴于腋边。肘关节呈垂直弯曲，手腕平直，身体与打字桌的距离为 20～30cm。击键的力度主要来自手腕，所以手腕要下垂不可拱起。

（3）打字教材或文稿放在键盘的左边，或用专用夹夹在显示器旁边。打字时眼观文稿，身体不要跟着倾斜，开始时一定不要养成看键盘输入的习惯，视线应专注于文稿和屏幕。

（4）应默念文稿，不要出声。

（5）文稿处要有充足的光线，这样眼睛不易疲劳。

## 1.2.2　打字指法

正确的打字指法如下。

（1）准备打字时除 2 个拇指外的其余 8 个手指分别放在基本键位上。应注意【F】键和【J】键上均有小突起。两个食指定位其上，拇指放在空格键上，可依此实现盲打。

（2）十指分工，包键到指，分工明确。

（3）任一手指击键后都应迅速返回基本键位，这样才能熟悉各键位之间的实际距离，实现盲打。

（4）手指稍微弯曲拱起轻放键位中间，靠近指尖的第一关节成弧形，手腕不要压在键盘上。击键的力量来自手腕，尤其是小拇指，仅用它的力量会影响击键的速度。

（5）击键要短促，有弹性。用手指头击键，不要将手指伸直来按键。

（6）击键要有节奏，力求保持匀速。无论哪个手指击键，其他手指都要一起提起上下活动，而另一只手的各指放在基本键上。

（7）空格键用拇指侧击，右手小拇指击【Enter】键。

### 1.2.3　金山打字通

金山打字通软件的主要功能如下。

① 支持打对与打错分音效提示。

② 提供友好的测试结果展示，并实时显示打字时间、速度、进度、正确率。

③ 支持从头开始练习，支持打字过程中暂停打字。

④ 英文打字提供常用单词、短语练习，打字时提供单词解释提示。

⑤ 科学打字教学，先讲解知识点，再练习，最后过关测试。

⑥ 可针对英文、拼音、五笔分别测试，过关测试中提供查看攻略。

⑦ 提供经典打字游戏，轻松快速提高打字水平。

⑧ 提供通俗易懂的全新打字教程，提高打字速度。

操作方法及主要步骤如下：

1）启动金山打字通

选择"开始"→"程序"→"金山打字通"命令，启动金山打字通软件。启动后，该程序的用户登录界面如图 1-1-3 所示。

图 1-1-3　金山打字通的启动窗口

使用金山打字通软件的用户，单击"新手入门""英文打字""拼音打字""五笔打字"等功能按钮，可进行相应的打字练习。

2）退出金山打字通

用户在练习时，可随时结束程序。退出此程序的方法如下。

① 单击右上角的关闭按钮。

② 按通用的窗口退出组合键【Alt+F4】。

3）英文键盘练习

如图 1-1-4 所示的是"英文打字"功能界面。在"英文打字"训练中，用户可分别就"单词练习""语句练习""文章练习"3 个部分进行练习。

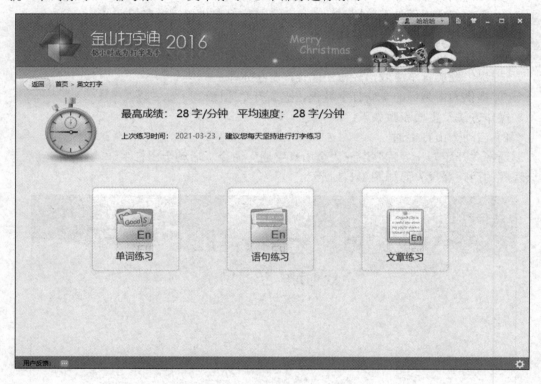

图 1-1-4　"英文打字"功能界面

4）其他练习

利用金山打字通软件，用户还可进行"拼音打字"和"五笔打字"的练习。此外，金山打字通软件提供了趣味丰富的打字游戏。

# 1.3　常用软件及办公设备的应用

在运用计算机进行工作和学习之前，用户首先需要熟悉常用软件和办公设备。本节主要介绍常用软件及办公设备的应用。

### 1.3.1　常用软件的应用

**1.　安全杀毒软件**

目前应用较多的安全杀毒方面的软件有 360 安全卫士、360 杀毒、Avast（有几十年历史的捷克杀毒软件）、卡巴斯基反病毒软件（俄罗斯杀毒软件）等。国内用得比较多的是 360 安全卫士和 360 杀毒。

1）360 安全卫士

360 安全卫士是一款由奇虎科技有限公司推出的上网安全软件。360 安全卫士拥有木马查杀、电脑清理、系统修复、优化加速等多种功能（图 1-1-5）。它依靠抢先侦测和云端鉴别，可以全面、智能地拦截各类木马，保护用户密码、隐私等重要信息。

图 1-1-5　360 安全卫士

用户可以到 360 官方网站上免费下载 360 安全卫士，并依照提示安装到计算机的硬盘上。

2）360 杀毒

（1）下载安装：360 杀毒也需要到 360 官方网站上下载并按提示安装。

（2）使用：360 杀毒有快速扫描、全盘扫描和自定义扫描 3 种方式。快速扫描可以对系统设置、常用软件、内存活跃程序、开机启动项和系统关键位置进行扫描。用户可以经常对系统进行快速扫描，以保证系统安全运行，如图 1-1-6 所示。全盘扫描可以对整个系统进行扫描。自定义扫描可以根据用户的需要对相关位置（如 U 盘）进行扫描和杀毒处理。

图 1-1-6　360 杀毒快速扫描功能

### 2. 下载工具软件

网络专用下载工具软件有迅雷、快车（FlashGet）等。

迅雷基于网格原理使用超线程技术，能够将存在于第三方服务器和计算机上的数据文件进行有效整合。通过这种超线程技术，用户能够以更快的速度从第三方服务器和计算机中获取所需的数据文件。这种超线程技术还具有互联网下载负载均衡功能，在不降低用户体验的前提下，迅雷网络可以对服务器资源进行均衡，有效降低了服务器负载。

快车采用多服务器超线程传输下载技术给用户带来高速的下载体验，并首创下载安全监测技术，充分确保下载安全，同时兼容 BT、传统（HTTP、FTP 等）等多种下载方式，更能让用户充分享受互联网海量下载的乐趣。

用户可以从专门的网站下载这些软件，安装之后可以通过这些软件搜索自己要下载的资源来进行下载。这些软件同时支持右击下载选项（即在选中下载内容之后，右击弹出快捷菜单即可出现"使用迅雷下载"的选项）。

图 1-1-7 是迅雷的下载界面，可以打开新建菜单，在其中输入资源的下载地址（URL），然后自行下载。

### 3. 文件压缩工具软件

常用的压缩工具软件有 WinRAR、WinZip、好压等。

WinRAR 是一款功能强大的压缩包管理器。它是档案工具 RAR 在 Windows 环境下的图形界面。WinRAR 可以让用户根据需要将压缩后的文件保存为 ZIP 或 RAR 的格式，而压缩时间根据压缩程度的不同，可以自行调整。WinRAR 界面友好，使用方便，在压缩率和速度方面都有很好的表现。

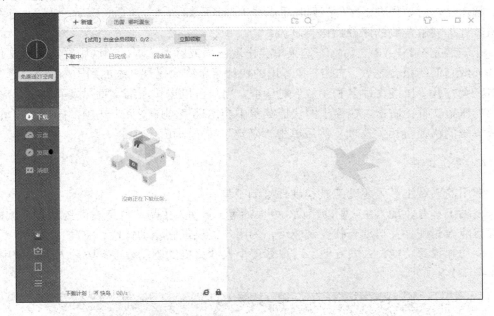

图 1-1-7  迅雷下载界面

在网站上下载 WinRAR 之后进行安装，安装之后打开软件，其工作界面如图 1-1-8所示。

图 1-1-8  WinRAR 工作界面

如果要对文件、文件夹或者它们的组合进行压缩，可以通过路径栏找到相应的文件，然后单击"添加"按钮，选择要添加的压缩文件的物理位置和文件名即可。

　　解压文件时要先在"文件"列表里选择"打开压缩文件"选项，然后单击"解压到"按钮，选择要解压到的路径后进行解压。

　　在安装完 WinRAR 之后，右键菜单会出现压缩或解压选项。当选中要压缩的文件、文件夹或它们的组合之后，右击，在弹出的快捷菜单中会出现"添加到压缩文件"选项，单击它会打开"压缩文件名和参数"对话框，用户可以选择压缩文件名及其路径。对于选中的压缩文件，右击，在弹出的快捷菜单中会出现"解压文件"选项，同样用户可以选择解压的路径及相关选项，然后单击"确定"按钮即可。

　　4. 系统工具

　　常用的系统工具为驱动工具和硬件检测工具。

　　驱动工具有驱动人生、驱动精灵、鲁大师等。驱动人生是一款免费的驱动管理软件，实现智能检测硬件并自动查找安装驱动，为用户提供最新驱动体检、驱动备份、驱动还原和驱动卸载等功能，大大方便了用户管理个人计算机的驱动程序。驱动人生的使用界面如图 1-1-9 所示。

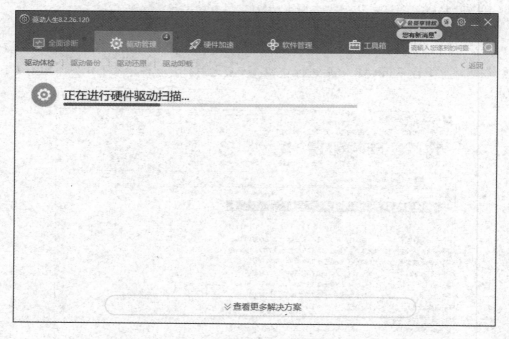

图 1-1-9　驱动人生的使用界面

　　硬件检测应用最多的工具是鲁大师，它能轻松地辨别计算机硬件真伪，保证计算机稳定运行，如图 1-1-10 所示。

图 1-1-10　鲁大师界面

## 5. 备份还原工具

备份还原工具应用较多的是"一键 GHOST"。"一键 GHOST"是"DOS 之家"首创的 4 种版本（硬盘版/光盘版/优盘版/软盘版）同步发布的启动盘，适应各种用户需求，既可独立使用，又能相互配合。它的主要功能包括一键备份系统、一键恢复系统、中文向导、GHOST、DOS 工具箱。它下载安装之后的界面如图 1-1-11 所示。

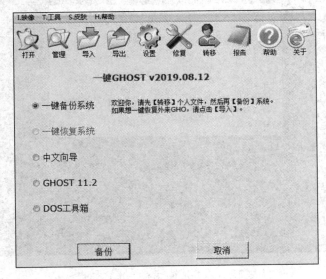

图 1-1-11　"一键 GHOST"系统界面

6. 阅读软件

常用的阅读软件有 PDF（portable document format）阅读器和 CAJ（China academic journals）阅读器。

1）PDF 阅读器

PDF 文档是 Adobe 公司开发的电子文件格式。这种文件格式与操作系统平台无关。也就是说，PDF 文件不管是在 Windows、UNIX 系统，还是在苹果公司的 Mac OS 操作系统中都是通用的。这一特点使它成为在 Internet 上进行电子文档发行和数字化信息传播的理想文档格式。越来越多的电子图书、产品说明、公司文告、网络资料、电子邮件使用 PDF 文档。

常用的 PDF 阅读器有 Adobe Reader、极速 PDF 阅读器等。

Adobe Reader 是美国 Adobe 公司开发的一款 PDF 文件阅读软件。文档的撰写者可以向任何人分发自己制作（通过 Adobe Acrobat 制作）的 PDF 文档，而不用担心被恶意篡改。

下载安装之后的 Adobe Reader 运行界面如图 1-1-12 所示，在其中打开相关的 PDF 文件即可。如果已安装该程序，则对于 PDF 文档只需双击即可打开。

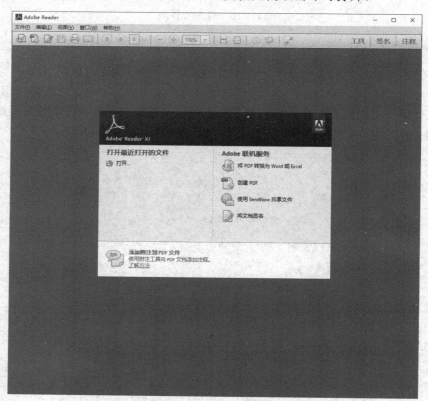

图 1-1-12　Adobe Reader 运行界面

2）CAJ 阅读器

CAJ 是中国学术期刊全文数据库（简称中国期刊网）中使用的一种文件格式。中国学术期刊全文数据库是目前世界上最大的连续动态更新的中国期刊全文数据库，可以说，要进行专业前沿科技查询就必须要访问中国学术期刊数据库。

CAJ 文件的专用阅读器是 CAJ Viewer（CAJ 全文浏览器），它是中国期刊网的专用全文格式阅读器。该阅读器由同方知网（北京）技术有限公司开发。它支持中国期刊网的 CAJ、NH、KDH 和 PDF 格式文件。它可以在线阅读中国期刊网的原文，也可以阅读下载到本地硬盘的中国期刊网全文。CAJ Viewer 下载安装后的界面如图 1-1-13 所示，只要打开对应的本地 CAJ 文件即可阅读。

图 1-1-13　CAJ Viewer 界面

7. 翻译软件

常用的翻译软件包括有道词典和金山词霸。

目前有很多专门的在线翻译网站，如海词在线翻译、有道在线翻译、谷歌在线翻译、百度在线翻译等。单机版的翻译工具包括有道词典、金山词霸等。

1）有道词典

有道词典是网易有道推出的词典相关的服务与软件。有道词典使用基于有道搜索引擎后台的海量网页数据以及自然语言处理中的数据挖掘技术，能够挖掘大量的中文与外语的并行资料，并通过网络服务及桌面软件的方式让用户方便地查询。从网站上下载安装有道词典，其查询界面如图 1-1-14 所示。

2）金山词霸

金山词霸是一款免费的翻译软件，由金山公司于 1997 年推出第一个版本，目前已经经过了 20 多个年头。它最大的亮点是内容海量权威。金山词霸的功能和有道词典基本相似。

图 1-1-14　有道词典界面

8．虚拟机软件

常用的虚拟机软件有 VMware Workstation、VirtualBox、Virtual PC 等。

VMware Workstation（中文名为威睿工作站）是一款功能强大的桌面虚拟计算机软件。它允许操作系统（OS）和应用程序（application）在一台虚拟机内部运行。虚拟机是独立运行于主机操作系统的离散操作系统。在 VMware Workstation 中，用户可以在一个窗口中加载一台虚拟机，它可以运行自己的操作系统和应用程序。用户可以在运行于桌面上的多台虚拟机之间切换，也可以通过一个网络共享虚拟机（如一个公司局域网），还可以挂起、恢复或者退出虚拟机。而这一切操作都不会影响用户的主机操作，或者任何其他虚拟操作系统以及它们正在运行的应用程序。

与多启动系统相比，VMware Workstation 采用了完全不同的概念。多启动系统在一个时刻只能运行一个系统，在系统切换时需要重新启动机器。VMware Workstation 可同时运行多个操作系统在主系统的平台上，就像标准的 Windows 应用程序那样切换，而且每个操作系统都可以进行虚拟的分区、配置，而不影响真实硬盘的数据。安装在 VMware Workstation 中的操作系统在性能上比直接安装在硬盘上的系统低不少，因此，比较适合学习和测试。

从网站上下载 VMware Workstation 的安装文件按提示进行安装（安装过程中需输入序列号）。程序启动后的界面如图 1-1-15 所示。

图 1-1-15 VMware Workstation 界面

## 1.3.2 常用办公设备的应用

### 1. 打印机

打印机是计算机的输出设备之一，用于将计算机的运算结果或中间结果打印在相关介质上。衡量打印机好坏的指标有 3 项：打印分辨率、打印速度和噪声。打印机的种类很多，按打印元件对纸是否有击打动作，分击打式打印机与非击打式打印机；按打印字符结构，分全形字符打印机和点阵字符打印机；按一行字在纸上形成的方式，分串式打印机与行式打印机；按所采用的技术，分柱形、球形、喷墨式、热敏式、激光式、静电式、磁式、发光二极管式打印机等。

目前办公使用较多的是激光打印机，又称页式打印机。激光打印机的原理如下：激光源发出的激光束经由字符点阵信息控制的声光偏转器调制后，进入光学系统，通过多面棱镜对旋转的感光鼓进行横向扫描，于是在感光鼓的光导薄膜层上形成字符或图像的静电潜像，再经过显影、转印和定影，便可在纸上得到所需的字符或图像。其主要优点是打印速度快，可达 20 000 行/分以上，同时印刷的质量高、噪声小，可以使用普通纸打印，可以印刷字符、图形和图像。

那么如何使用并共享一台激光打印机呢？这里以佳能 2900 激光打印机为例 [图 1-1-16（a）] 来说明如何使用并在局域网内共享一台打印机。

（1）通过数据线将打印机与主机相连，通过电源线将打印机与电源相连，打开打印机电源按钮（电源线接口上部按钮），如图 1-1-16（b）所示。

（2）通过主机的"控制面板"进入"设备和打印机"设置窗口，在空白处右击，在弹出的快捷菜单中选择"添加打印机"命令，打开"添加打印机"向导窗口，选择"连接到此计算机的本地打印机"，并勾选"自动检测并安装即插即用的打印机"复选框。

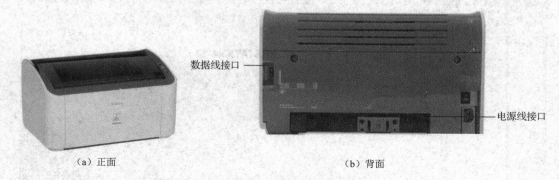

（a）正面　　　　　　　　　　　　　　　（b）背面

数据线接口

电源线接口

图 1-1-16　佳能 2900 激光打印机

（3）此时主机将会进行新打印机的检测，很快便会发现已经连接好的打印机。根据提示将打印机附带的驱动程序光盘放入光驱中（或直接在硬盘上找到安装文件）。安装好打印机的驱动程序后，在"打印机和传真"下便会出现该打印机的图标了。

（4）在新安装的打印机图标上右击，在弹出的快捷菜单中选择"共享"命令，打开打印机的属性对话框，切换至"共享"选项卡，选择"共享这台打印机"命令，并在"共享名"文本框中填入需要共享的名称，如 GHDYJ，单击"确定"按钮即可完成共享的设定。

（5）在局域网内的其他计算机进行步骤（2），打开"打印机"向导窗口。此时选择查找局域网打印机，找到连接打印机的主机名和打印机，进行添加。然后该局域网内的计算机就可以使用该共享打印机了。

（6）将纸放入打印机，测试打印输出。

2．复印机

复印机（图 1-1-7）是从书写、绘制或印刷的原稿得到等倍、放大或缩小的复印品的设备。

复印机按工作原理可分为光化学复印机、热敏复印机和静电复印机三类。

图 1-1-17　复印机

光化学复印有直接影印、蓝图复印、重氮复印、染料转印和扩散转印等方法。

热敏复印是将表面涂有热敏材料的复印纸，与单张原稿贴在一起接受红外线或热源照射。图像部分将吸收的热量传送到复印纸表面，使热敏材料色调变深即形成复印品。

静电复印是利用物质的光电导现象与静电现象相结合的原理进行复印。常用的感光体有硒鼓、氧化锌纸、硫化镉鼓和有机光导体带。静电复印机采用的成像方法有很多，如间接式静电复印法（即卡尔逊法）、NP 静电复印法、KIP 持久内极化法、TESI 静电转移成像法等。

复印机的性能指标包括扫描分辨率、复印分辨率、复印速度、连续复印能力和可缩放比例等。

3. 扫描仪

扫描仪（scanner）是一种利用光电技术和数字图像处理技术，通过扫描的方式将图形或图像信息转换为数字信号的装置，是一种通过捕获图像并将之转换成计算机可以显示、编辑、存储和输出的数字化输入设备，如图 1-1-18 所示。

扫描仪按其发展过程大体可以分为以下几种类型：手持式扫描仪、馈纸式扫描仪、鼓式扫描仪、平板式扫描仪、大幅面扫描仪、底片扫描仪、专业扫描仪等。

扫描仪可以将照片、文本页面、图纸、美术图画、照相底片等作为扫描对象，提取并将原始的线条、图形、文字、照片、平面实物等转换成数字图像。

扫描仪的性能指标一般包括分辨率（一般为 300～2 400dpi，越大越好）、灰度级（256级已足够）、色彩数（真彩色图像是 24 位，色彩数越多扫描的图像越鲜艳真实）、扫描速度、扫描幅面等。

4. 投影仪

投影仪（projector）又称投影机，是一种可以将图像或视频投射到幕布上的设备。可以通过不同的接口同计算机、游戏机等设备相连接并播放相应的视频信号，如图 1-1-19所示。

图 1-1-18　扫描仪　　　　　　　　图 1-1-19　投影仪

投影仪按工作原理可以分为 CRT（cathode ray tube，阴极射线管）投影仪、LCD（liquid crystal display，液晶显示）投影仪、DLP（digital light processor，数字光处理器）投影仪等。

投影仪的性能指标包括光输出、水平扫描频率（行频）、垂直扫描频率（场频）、视频带宽、分辨率、对比度、均匀度等。

# 第 2 章 文字处理软件 Word 2016

**学习目标：**

- Word 的基本功能，文档的创建、编辑、保存、打印和保护等基本操作。
- 设置字体和段落格式、调整页面布局等排版操作。
- 文档的分栏、分页和分节操作，文档页眉、页脚的设置。
- 文档中表格的制作与编辑。
- 文档中图形、图像（片）对象的编辑和处理，文本框的使用。

## 2.1 Word 2016 概述

### 2.1.1 启动 Word 2016

Word 的启动方式分为 3 种：

**1. "程序"项启动 Word 2016**

单击 Windows "开始"按钮（或按█键），弹出"开始"菜单，选择"所有程序"选项启动。通过"Microsoft Office"→"Microsoft Office Word 2016"命令启动。

**2. 通过已有的文档启动 Word 2016**

双击已有 Word 2016 文档启动。

**3. 通过快捷方式启动 Word 2016**

用户可以在桌面上建立 Word 2016 快捷图标。双击 Word 的快捷图标也可以启动 Word 2016。

### 2.1.2 Word 2016 窗口及其组成

Word 2016 启动后，用户即可看到 Word 2016 应用程序窗口，如图 1-2-1 所示。系统会自动建立一个空白文档。下面对 Word 2016 窗口各个组成部分作简要的说明。

**1. 快速访问工具栏**

快速访问工具栏集成了多个常用的按钮，用户可以根据需要进行添加或更改，其操作方法是单击快速访问工具栏右侧下拉按钮▾，选择一个列表已有的命令。若无，可选择"其他命令丨自定义快速访问工具栏"命令，添加或删除一个命令按钮。

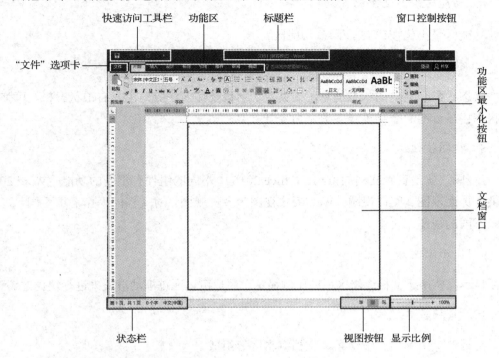

图 1-2-1　Word 2016 工作区主窗口

**2．标题栏**

标题栏用于显示当前所使用的程序名称和文档名称等信息。

**3．窗口控制按钮**

窗口控制按钮从左到右依次是"最小化"、"最大化"（或还原）和"关闭"，单击它们可执行相应的操作。

**4．"文件"选项卡**

"文件"选项卡包含与文件有关的操作命令选项，如"保存""另存为""打开""关闭""新建""打印"，以及在 Word 中进行相关设置的"选项"命令。

**5．功能区**

功能区主要包括"开始""插入""设计""布局""引用""邮件""审阅""视图"等选项卡，以及工作时需要用到的命令。

**6. 功能区最小化按钮**

功能区最小化按钮显示/隐藏功能区。

**7. 状态栏**

状态栏显示当前的状态信息，如页数、字数及输入法等信息。右击状态栏，可弹出在状态栏显示的命令菜单（多数是命令开关）。

**8. 视图按钮**

"视图"就是查看文档的方式。Office 2016 中不同的组件有不同的功能。Word 2016提供了页面视图、阅读视图、Web 版式视图等多种视图。对文档的操作需求不同，可以采取不同的视图。

**9. 显示比例**

显示比例用于文档编辑区域的比例显示。用户可以通过拖动滑块来进行快捷的调整。

**10. 文档窗口**

文档窗口由标尺、滚动条、文档编辑区等组成。
① 标尺：分为水平标尺和垂直标尺两种。
② 滚动条：分为水平滚动条和垂直滚动条两种。拖动垂直滚动条的滑块可以在工作区内快速滑动，并同时显示当前页号；单击滚动条中滑块的上、下方区域可使文档向上、下滚动一屏。拖动水平滚动条上的滑块可水平移动查看隐藏的内容。
③ 文档编辑区：文档窗口的空白区，在这里可以建立、输入、编辑、排版和查看文档。

### 2.1.3　退出 Word 2016

退出 Word 2016 的方法有以下几种。
（1）单击标题栏右上角的"关闭"按钮。
（2）按下【Alt+F4】组合键。
（3）利用"文件"→"关闭"命令。

# 2.2　Word 2016 基本操作

### 2.2.1　新建文档

启动 Word 2016 时，系统会自动创建一个名为"文档 1"的空白文档，标题栏上显示"文档 1- Word"。

如果用户要创建新的文档，还可通过以下方法创建。

### 1. 新建空白文档

新建空白文档的方法很简单，主要有以下几种：

（1）单击"快速访问工具栏"按钮▼，在弹出的快捷菜单中，单击"新建"按钮，添加"新建空白文档"按钮，单击"新建空白文档"按钮可以创建文档。

（2）在打开的 Word 2016 文档中使用【Ctrl+N】组合键即可创建新文档。

（3）单击"文件"选项卡，选择"新建"命令，如图 1-2-2 所示。在"新建"区域单击"空白文档"选项，即可新建一个空白文档。

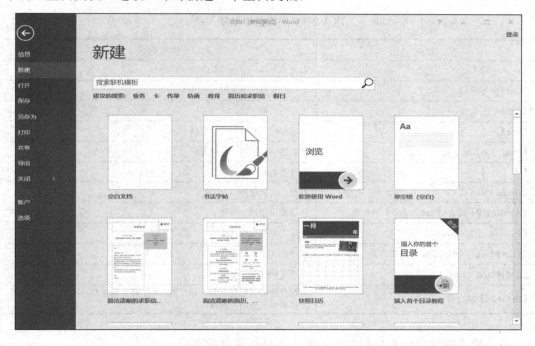

图 1-2-2　新建空白文档

### 2. 新建模板文档

使用模板新建文档，系统已经将文档的模式预设好了，用户在使用的过程中，只需在指定位置填写相关的文字即可。在电脑联网的情况下，用户可以在"搜索联机模板"文本框中输入模板关键词进行搜索并下载。

## 2.2.2　插入点位置的确定

在文字录入前，一定要掌握插入点的移动操作。当指针移动到文本区时，其形状会变成"Ⅰ"形，但它不是插入点而是鼠标指针。只有当"Ⅰ"形鼠标指针移动到文本的指定位置后单击，才完成了将插入点移动到指定位置的操作。移动插入点的常用方法如下。

### 1. 用鼠标移动插入点

对于一个长篇文档，可首先使用垂直或水平滚动条，将要编辑的文本显示在文本窗口中，然后移动"I"形鼠标指针到目标位置并单击。这样插入点就移到该位置了。

### 2. 用键盘移动插入点

插入点（光标）可以用键盘移动。表 1-2-1 列出了用键盘移动插入点的常用键及其执行操作。

表 1-2-1　用键盘移动插入点

| 按键 | 执行操作 |
| --- | --- |
| 【←（→）】 | 左（右）移一个字符 |
| 【Ctrl+←（→）】 | 左（右）移一个单词 |
| 【Ctrl+↑（↓）】 | 上（下）移一段 |
| 【Tab】 | 在表格中，右移一个单元格 |
| 【Shift+Tab】组合键 | 在表格中，左移一个单元格 |
| 【↑（↓）】 | 上（下）移一行 |
| 【Home（End）】 | 移至行首（尾） |
| 【Alt+Ctrl+PageUp（PageDown）】组合键 | 移至窗口顶端（结尾） |
| 【PageUp（PageDown）】 | 上（下）移一屏（滚动） |
| 【Ctrl+PageUp（PageDown）】组合键 | 移至上（下）页顶端 |
| 【Ctrl+Home（End）】组合键 | 移至文档开头（结尾） |
| 【Shift+F5】组合键 | 对已打开的文档移至前一修订处；对新打开的文件，移至上一次关闭文档时插入点所在位置 |

### 3. 使用定位命令定位到特定的页、表格或其他项目

按【Ctrl+G】组合键，弹出"查找和替换"对话框，如图 1-2-3 所示。

选择"定位"选项卡，在"定位目标"列表框中，单击所需的项目类型，如选择"行"选项。要定位到特定项目，可在"输入行号"文本框中输入该项目的名称或编号，然后单击"定位"按钮。

要定位到下一个或前一个同类项目，不要在"输入行号"文本框中输入内容，而应直接单击"下一处"或"前一处"按钮。

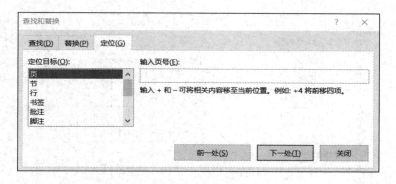

图 1-2-3　"查找和替换"对话框

### 2.2.3　文字的录入

新建或打开文档后,当插入点移动到目标位置时,就可以输入文本了。输入文本时,插入点自左向右移动。如果输入了错误的字符或汉字,可以按【Backspace】键删除插入点左边的字符或汉字,或按【Delete】键删除插入点右边的字符或汉字,然后继续输入。Word 中的"即点即输"功能,允许在文档的空白区域,通过双击方便地输入文本。

1.　自动换行与人工换行

当输入到达每行的末尾时不必按【Enter】键,Word 会自动换行,只在建立另一新段落时才按【Enter】键。按【Enter】键表示一个段落的结束,新段落的开始。可以按【Shift+Enter】组合键插入一个人工换行符,两行之间行距不增加。

2.　显示或隐藏编辑标记

单击"开始"选项卡"段落"选项组中的"显示/隐藏编辑标记"按钮,可检查在每段结束时是否按了【Enter】键或其他隐藏的格式符号。

3.　插入符号

在文档输入过程中,可以插入特殊字符、国际通用字符及符号,也可用数字分键盘输入字符代码来插入一个字符或符号。

单击要插入符号的位置,设置插入点。单击"插入"选项卡"符号"选项组中的"符号"下拉按钮 $\frac{\Omega}{}$ ,弹出符号下拉列表。如果要插入的符号在此列表中,单击该符号即可插入到当前位置上。

若要插入的符号不在符号列表中,则选择符号下拉列表中的"其他符号"选项,打开"符号"对话框,如图 1-2-4 所示。

选中要插入的符号后,再单击"插入"按钮(或双击要插入的符号或字符),则插入的符号出现在插入点处。如果要插入多个符号或字符,可多次双击要插入的符号或字符。

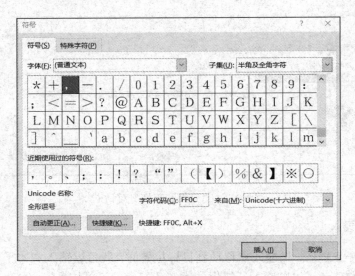

图 1-2-4  "符号"对话框

**4. 插入日期和时间**

插入当前日期和时间的操作步骤如下。

（1）将光标置于要插入日期和时间的位置。

（2）单击"插入"选项卡"文本"选项组中的"日期和时间"按钮，弹出如图 1-2-5 所示的对话框。

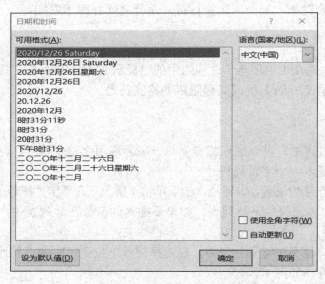

图 1-2-5  "日期和时间"对话框

（3）如果要对插入的日期和时间应用其他语言的格式，则需在"语言（国家/地区）："下拉列表中选择所需的语言。

（4）选择"可用格式"列表框中的日期或时间格式。

（5）如果要将日期和时间随系统日期和时间自动更新，需选中"自动更新"复选框；反之取消选中"自动更新"复选框。

**5．插入文件**

可以将另一篇 Word 文档插入当前的文档中，其操作方法如下。

（1）将光标置于要插入另一篇 Word 文档的位置。

（2）单击"插入"选项卡"文本"选项组中的"对象"下拉按钮，选择"由文件创建"选项，单击"浏览"按钮，找到要插入的文件，单击"插入"按钮，可将该文档中的所有内容插入到当前文档中。

### 2.2.4 文档的保存

**1．保存文档的作用**

保存文档的作用是将用 Word 2016 编辑的文档以磁盘文件的形式存放到磁盘上，以便将来能够再次进行编辑、打印等操作。如果文档不存盘，则本次对文档所进行的各种操作将不会保留。如果要将文字或格式再次用于创建的其他文档，则可将文档保存为 Word 模板。

"保存"和"另存为"选项都可以保存正在编辑的文档或者模板。区别是"保存"选项不进行询问直接将文档保存在它已经存在的位置；"另存为"选项永远都会询问要把文档保存在何处。如果新建的文档还没有保存过，那么选择"保存"选项也会打开"另存为"对话框，如图 1-2-6 所示。

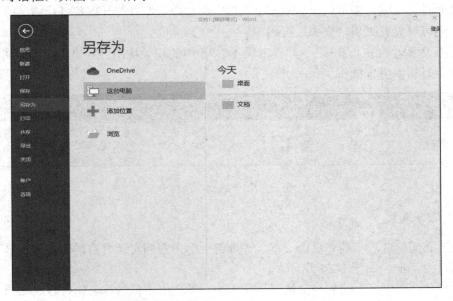

图 1-2-6 "另存为"对话框

2．文档的存储位置与命名

在保存 Word 2016 文档时，应注意两点：第一是文件的存储位置，它包括磁盘位置、文件夹位置，建议对不同类型的文件建立不同的文件夹，以便对文档归类；第二是文件的存储名称，对文件的命名应能体现文件的主要内容，以便后期对文件进行查找。

3．保存文件的方法

（1）单击快速访问工具栏上的"保存"按钮，这时如果是文件的第一次存盘，则会弹出如图 1-2-6 所示的"另存为"对话框，选择文件的存放位置并对文件进行命名；如果文件之前已经存过盘，则不会弹出"另存为"对话框，直接将文件存于之前保存的位置。

（2）"文件"选项卡有两个文件保存选项，即"保存"与"另存为"选项。"保存"选项的作用与工具栏上的"保存"按钮相同。而选择"另存为"选项，可更改保存文件名称，系统会以新文件名再一次对文件存盘。

# 2.3　Word 2016 排版技术

排版就是将文档中插入的文本、图像、表格等基本元素进行格式化处理，以便打印输出。本节主要介绍页面设置，页眉、页脚和页码的设置，文字格式的设置，段落的排版，分栏和首字下沉等。

## 2.3.1　页面设置

页面设置根据需要可以重新对整个页面、页边距、每页的行数和每行的字符数进行调整，还可以设置页眉、页脚、页码等。

页面设置可通过"布局"选项卡（图 1-2-7）中的相关按钮进行操作，也可通过"页面设置"对话框进行操作。

图 1-2-7　"布局"选项卡

1．选择纸型

在"布局"选项卡的"页面设置"选项组中单击右侧对话框启动器按钮，打开"页面设置"对话框，如图 1-2-8 所示。

用户可在"纸张"选项卡里选择纸张大小、纸张应用范围等。如要修改文档中一部分的纸张大小，可先选中这部分内容，再在"页面设置"对话框的"应用于"下拉列表中选择"所选文字"选项。Word 2016 自动在设置了新纸大小的文本前后插入分节符。如果文档已经分节，可以单击某节中的任意位置或选定多个节，然后修改纸张大小。

## 2. 调整行数和字符数

根据纸型的不同，每页中的行数和每行中的字符数都有一个默认值，可以满足用户的特殊需要。在"页面设置"对话框中选择"文档网格"选项卡，选中"指定行和字符网格"单选按钮，然后改变相应数值，如图 1-2-9 所示。

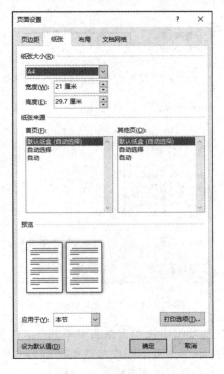
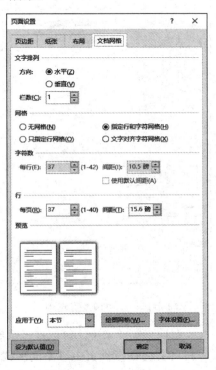

图 1-2-8　"页面设置"对话框　　　　图 1-2-9　"文档网格"选项卡

在"文档网格"选项卡中，可以进行"文字排列""网格""字符数""行"等选项的设置。

如果要把改后的设置保存为默认值，以便应用于所有基于这种纸型的页面，可单击"设为默认值"按钮。

## 3. 页边距的调整

在"页面设置"对话框中选择"页边距"选项卡，如图 1-2-10 所示。在此选项卡中，用户可以设置上、下、左、右的页边距，也可以选择装订线位置，还可以设置纸张方向和页码范围等。

### 4. 布局

在"页面设置"对话框中选择"布局"选项卡，如图 1-2-11 所示。

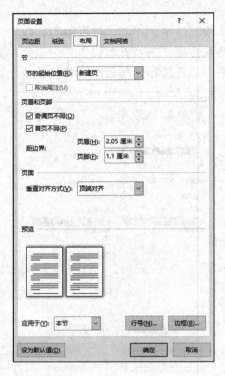

图 1-2-10 "页边距"选项卡      图 1-2-11 "版式"选项卡

在"布局"选项卡中，可以在"页眉和页脚"选项组中选中"奇偶页不同"复选框，则页眉与页脚将在奇偶页中以不同形式显示；若选中"首页不同"复选框，则每节中，第一页与其他各页可设置不同的页眉和页脚；在"页眉"和"页脚"文本框中输入一个数字可设置页眉、页脚距边界的距离。

单击"边框"按钮，打开"边框和底纹"对话框，用户可对页面边框等进行设置。

如果用 Word 2016 进行程序源代码的编写，单击"行号"按钮，在此还可对程序源代码的每一行进行编号。

此外，用户还可单击"设计"选项卡"页面背景"选项组中的"水印"按钮和"页面颜色"按钮，分别为页面设置虚影文字和背景颜色。

### 2.3.2 页眉、页脚和页码的设置

页眉和页脚通常用于打印文档中。页眉和页脚中可以包括页码、日期、公司徽标、文档标题、文件名或作者名等文字或图形。这些信息通常设置在文档每页的顶部或底部。页眉打印在上页边距中，页脚打印在下页边距中。

在文档中可以自始至终用同一个页眉或页脚，也可以在文档的不同部分用不同的页眉和页脚。例如，在首页可以使用不同的页眉或页脚，也可以不使用页眉和页脚，还可以在奇数页和偶数页使用不同的页眉和页脚，而且文档不同部分的页眉和页脚也可以不同。

### 1. 添加页码

页码是页眉和页脚中的一部分，可以放在页眉中，也可以放在页脚中。对于一个长文档，页码是必不可少的。为了方便添加页码，Word 单独设立了"插入页码"功能。

如果用户希望每个页面都显示页码，并且不希望页眉或页脚中包含任何其他信息（如文档标题或文件位置），可以快速添加库中的页码，也可以创建自定义页码。

（1）从库中添加页码。选择"插入"选项卡，在"页眉和页脚"选项组中单击"页码"按钮，选择页码放置的位置及页码格式即可。

（2）添加自定义页码。双击页眉区域或页脚区域，出现"页眉和页脚工具｜设计"选项卡，在"位置"选项组中，单击"插入对齐制表位"按钮设置对齐方式。若要更改编号格式，单击"页眉和页脚"选项组中的"页码"下拉按钮，如图 1-2-12 所示。在弹出的下拉列表中选择"设置页码格式"选项进行格式设置。单击"页眉和页脚工具｜设计"选项卡的"关闭页眉和页脚"按钮即可返回至文档正文。

图 1-2-12　"页眉和页脚"分组

### 2. 删除页眉、页脚或页码

双击页眉、页脚或页码，然后选择页眉、页脚或页码，再按【Delete】键可删除页眉、页脚或页码。若分区具有不同的页眉、页脚或页码，则每个分区重复上述步骤即可。

## 2.3.3　文字格式的设置

设置文字格式的操作步骤如下。

（1）单击"开始"选项卡"字体"选项组右侧的对话框启动器按钮，打开"字体"对话框，如图 1-2-13 所示。

（2）在"字体"选项卡中，可以设置字体、字形、字号、字体颜色、下划线线型、下划线颜色及着重号，还可以设置特殊效果。

（3）在"效果"选项组中可以选中多个复选框，为文字设置多种效果。新文字效果设置后，自动取消以前的设置。

（4）单击"文字效果"按钮，在打开的"设置文本效果格式"对话框（图 1-2-14）中，可以设置文本填充与文本轮廓及文字阴影、映像、发光和柔化边缘、三维格式等特殊效果。

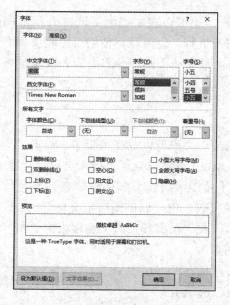

图 1-2-13　"字体"对话框

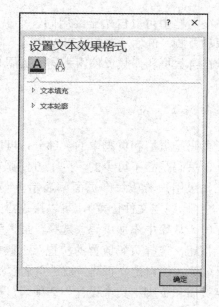

图 1-2-14　"设置文本效果格式"对话框

（5）单击"高级"选项卡，设置字符的缩放、间距和位置等，如图 1-2-15 所示。

缩放设置的是字符的宽度；间距设置的是字符之间的距离；位置设置的是字符的高低。

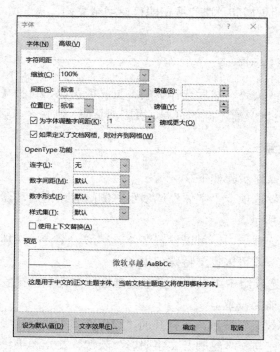

图 1-2-15　"高级"选项卡

### 2.3.4 段落的排版

段落用于设置自然段的格式，包括段落中文字的位置和排列方式，以及一段中各行的距离、段与段之间的距离等。

设置段落格式，先要将插入点放在要设置的段落中。若要同时设置多个段落应选定这些段中的部分或全部文字。

常用的段落设置命令分布在"开始"和"布局"两个选项卡中。在"开始"选项卡"段落"选项组中单击右下角的对话框启动器按钮，打开"段落"对话框，如图 1-2-16 所示。

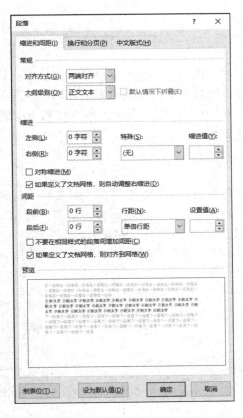

图 1-2-16 "段落"对话框

缩进是设置段落中文字起始和换行的位置。左缩进是设置段落的起始位置，右缩进是设置段落的结束位置，首行缩进是设置段落中第一行开始的位置，悬挂缩进是设置除首行外其他行的开始位置。

对齐方式分为左对齐、居中、右对齐、两端对齐、分散对齐。

两端对齐是指自动调整空格和标点的宽度，实现各行的左右两端分别按照缩进位置对齐。两端对齐和左对齐的区别在于各行的右端是否对齐。而分散对齐是调整段落最后一行字符间距，使之均匀分散在该行的缩进范围内的对齐方式。

行距是段落中行间的距离。

段前和段后距离是设置段落前后空白的距离。上段的段后与下段的段前不会叠加，两段的间距等于两个数值中的较大者。

### 2.3.5 使用"格式刷"复制字符和段落格式

如果要使文档中某些字符或段落的格式与该文档中其他字符和段落的格式相同，可以通过"格式刷"按钮，多次复制格式。若要将选定的格式多次应用到其他位置，可以双击"格式刷"按钮，完成后再次单击此按钮，或按【Esc】键取消格式刷的功能。

### 2.3.6 分栏和首字下沉

#### 1. 分栏

在 Word 2016 中，可对文档的一部分进行分栏，在分栏前要先插入分节符为文档分节，插入分节符时要注意：两段中间的分节符要插在后段的开头。在"布局"选项卡的"页面设置"选项组中选择"栏"选项，在弹出的下拉列表中选择"更多栏"选项，打开"栏"对话框，如图 1-2-17 所示。

#### 2. 首字下沉

在报纸杂志中，经常会看到首字下沉的情况，即文章开头的第一个字或字母被放大数倍并占据 2 行或 3 行（最大 10 行），以便阅读。单击"插入"选项卡"文本"选项组中的"首字下沉"下拉按钮，在弹出的下拉列表中选择"首字下沉选项"选项，打开"首字下沉"对话框，如图 1-2-18 所示。一般地，设置首字下沉前应取消段落的首行缩进或悬挂缩进格式。

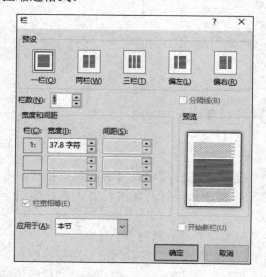

图 1-2-17 "分栏"对话框

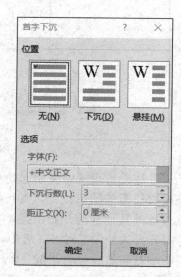

图 1-2-18 "首字下沉"对话框

### 2.3.7　边框和底纹

**1. 文本块的边框和底纹**

选定要添加边框的文本块，或把插入点定位到目标段落中，单击"开始"选项卡"段落"选项组中的"边框"下拉按钮，在弹出的下拉列表中选择"边框和底纹"选项。打开"边框和底纹"对话框，如图 1-2-19 所示。

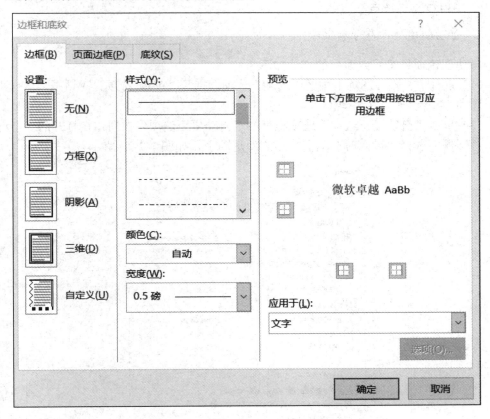

图 1-2-19　"边框和底纹"对话框

（1）"设置"：预设置的边框形式有无、方框、阴影、三维和自定义 5 种。如果要取消边框，则选择"无"选项。

（2）"样式""颜色""宽度"：用于设置边框线的外观效果。

（3）"预览"：显示设置后的效果，也可以单击某边改变该边的框线设置。

（4）"应用于"：边框样式的应用范围，可以是文字，也可以是段落。

**2. 页面边框**

在"边框和底纹"对话框中，选择"页面边框"选项卡，可对页面边框进行设置。该选项卡和"边框"选项卡基本相同，仅增加了"艺术型"下拉列表。页面边框的应用范围针对整篇文档或本节。

3. 添加底纹

在"边框和底纹"对话框中，选择"底纹"选项卡，用户可在该选项卡中设置合适的填充颜色、图案等。

### 2.3.8 项目符号与编号

1. 自动创建项目符号和编号

自动创建项目符号或编号的方法如下。

（1）选择"文件"选项卡中的"选项"选项，打开"Word 选项"对话框，选择"校对"选项。

（2）单击"自动更正选项"选项组下的"自动更正选项"按钮，在打开的"自动更正"对话框中选择"键入时自动套用格式"选项卡，如图 1-2-20 所示。

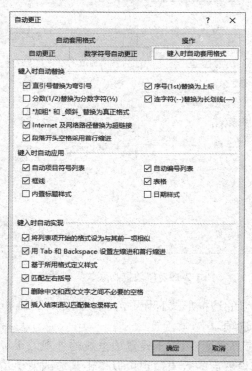

图 1-2-20　"自动更正"对话框

（3）在"键入时自动应用"选项组中选中"自动项目符号列表"和"自动编号列表"两个复选框，单击"确定"按钮，完成设置。

**2.　添加编号或符号**

对选定的文本段落,可以设置项目编号或符号。添加项目编号或符号的方法如下。

(1)选定一个或几个段落,单击"开始"选项卡"段落"选项组中的"编号"按钮或"项目符号"按钮,将自动出现编号"1."或符号"●"。

(2)如果出现的编号或符号样式不满意,可单击这两个按钮右侧的下拉按钮,在弹出的下拉列表中选择一种编号或符号样式,也可选择"定义新编号格式"或"定义新项目符号"选项,在出现的相应对话框中进行设置。

**3.　多级符号**

设置多级列表,要先切换到大纲视图,为文档设置大纲级别(1 级、2 级)。再单击"段落"选项卡中的"多级列表"按钮,不同级别的段落就得到相应级别的编号了。

### 2.3.9　文档的打印

在新建文档时,Word 2016 对纸型、方向、页边距及其他选项应用默认的设置,但用户可以根据需求改变这些设置,以排出丰富多彩的版面格式。

**1.　打印预览**

用户可以通过"打印预览"功能查看 Word 2016 文档打印出的效果,以及时调整页边距、分栏等,具体操作步骤如下。

(1)在"文件"选项卡中单击"打印"按钮,打开"打印"面板,如图 1-2-21 所示。

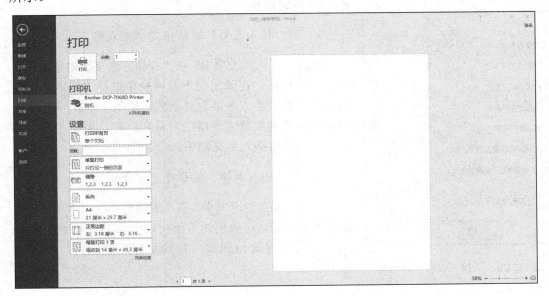

图 1-2-21　"打印"面板

（2）在"打印"面板右侧预览区域可以查看 Word 2016 文档打印预览效果，用户所设置的纸张方向、页面边距等都可以通过预览区域查看效果。用户还可以通过调整预览区右下方的比例改变预览视图的大小。

（3）若需要调整页面设置，可在"设置"选项组中进行调整。

### 2. 打印文档

打印文档之前，要确认打印机的电源已经接通，并且处于联机状态。具体打印操作步骤如下。

（1）打开要打印的 Word 2016 文档。

（2）打开如图 1-2-21 所示的"打印"面板，在"打印"面板中单击"打印机"下拉按钮，选择要使用的打印机。

（3）若仅想打印部分内容，可在"设置"选项组中选择打印范围，在"页数"文本框中输入页码范围，用逗号分隔不连续的页码，用连字符连接连续的页码。例如，要打印第 2、5、6、7、11、12、13 页，可以在文本框中输入"2，5-7，11-13"。

（4）如果需打印多份，可在"份数"文本框中设置打印的份数。

（5）如果要双面打印文档，则选择"双面打印"选项。

（6）如果要在每版打印多页，则在"每版打印 1 页"选项中设置。

（7）单击"打印"按钮，即可开始打印。

# 2.4　Word 2016 表格制作

### 2.4.1　创建表格

#### 1. 用"插入表格"对话框建立空表格

选择"插入"选项卡，在"表格"选项组中单击"表格"下拉按钮，在弹出的下拉列表中选择"插入表格"选项，打开"插入表格"对话框，如图 1-2-22 所示。在对话框中设置要插入表格的列数和行数，单击"确定"按钮，将表格插入到文档中。

#### 2. 用"插入表格"按钮建立空表格

选择"插入"选项卡，在"表格"选项组中单击"表格"下拉按钮，在弹出的下拉列表中拖动鼠标选择需要插入的表格行数与列数，释放鼠标左键就可以插入所需表格了。

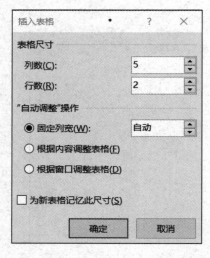

图 1-2-22　"插入表格"对话框

3. 将文本转换为表格

Word 2016 可以将已经存在的文本转换为表格。要进行转换的文本应该是格式化的文本，即文本中的每一行用段落标记符分开，每一列用分隔符（如空格、逗号或制表符等）分开。其操作方法如下。

（1）选定已添加段落标记和分隔符的文本。

（2）在"表格"下拉列表中选择"文本转换成表格"选项，打开"将文本转换成表格"对话框，单击"确定"按钮，Word 2016 能自动识别出文本的分隔符，并计算表格列数，即可得到所需的表格。

### 2.4.2　编辑表格

1. 单元格的选取

单元格就是表格中的一个小方格，一个表格由一个或多个单元格组成。单元格就像文档中的文字一样，要对它进行操作，必须首先选取它。

1）单击"选取"按钮选取

将插入点置于表格任意单元格中，选择"表格工具｜布局"选项卡，在"表"选项组中单击"选择"按钮，在弹出的下拉列表中单击相应按钮完成对行、列、单元格或者整个表格的选取，如图 1-2-23 所示。

图 1-2-23　"表格工具｜布局"选项卡

2）"鼠标"操作选取

（1）选定一个单元格：把鼠标指针放到单元格的左下角，鼠标指针变成黑色的箭头，单击可选定一个单元格，拖动可选定多个单元格。

（2）选定一行表格：在要选定的那行表格的左侧单击，即可选定表格的一行。

（3）选定一列表格：把鼠标指针移到某一列的上边框，等鼠标指针变成向下的黑色箭头时单击即可选取一列。

（4）选定整个表格：将插入点置于表格任意单元格中，待表格的左上方出现 ⊞ 标记时，将鼠标指针移到该标记上，单击即可选定整个表格。

2. 插入单元格、行或列

创建一个表格后，要增加单元格、行或列，无须重新创建表格，只要在原有的表格上进行插入操作即可。插入的方法是选定单元格、行或列，右击，在弹出的快捷菜单中选择"插入"选项，再选择插入的项目（列、行、单元格）。同样也可以在"表格工具｜

图1-2-24 "行和列"选项组

布局"功能区，单击"行和列"选项组中相应按钮实现，如图1-2-24所示。

3．删除单元格、行或列

选定了表格或某一部分后，右击，在弹出的快捷菜单中选择删除的项目即可；也可在"行和列"选项组中单击"删除"下拉按钮，在弹出的下拉列表中选择相应选项来完成。

4．合并与拆分单元格

（1）合并单元格是指选定两个或多个单元格，将它们合成一个单元格。其操作方法为选定要合并的单元格，右击，在弹出的快捷菜单中选择"合并单元格"命令；也可在"表格工具｜布局"选项卡"合并"选项组中单击"合并单元格"按钮来完成。

（2）拆分单元格是合并单元格的逆过程，是指将一个单元格分解为多个单元格。其操作方法为选定要进行拆分的单元格，右击，在弹出的快捷菜单中选择"拆分单元格"命令，即可将单元格进行拆分；也可在"表格工具｜布局"选项卡"合并"选项组中单击"拆分单元格"按钮，在弹出的"拆分单元格"对话框中完成拆分设置，如图1-2-25所示。

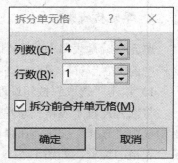

图1-2-25 "拆分单元格"对话框

5．调整表格

1）自动调整表格

（1）选定整个表格，右击，在弹出的快捷菜单中选择"自动调整"命令，弹出"自动调整"子菜单，选择"根据内容自动调整表格"命令，可以看到表格单元格的大小发生了变化，仅能容下单元格中的内容。

（2）若在弹出的"自动调整"子菜单中选择"固定列宽"命令，然后在单元格中输入文字，当文字长度超过表格宽度时，会自动增加表格行高，而表格列宽不变。

（3）选择"根据窗口自动调整表格"选项，表格将自动充满Word 2016的整个窗口。

（4）如果希望表格中的多列或行具有相同的宽度或高度，选定这些列或行，右击，在弹出的快捷菜单中选择"平均分布各列"或"平均分布各行"命令，列或行就自动调整为相同的宽度或高度了。

2）调整表格列宽与行高

（1）调整行高或列宽：把鼠标指针放到表格的框线上，鼠标指针会变成一个两边有箭头的双线标记，这时按住左键拖动鼠标，就可以改变当前框线的位置。

（2）指定单元格大小、行高或列宽的具体值：选定要改变大小的单元格、行或列，右击，在弹出的快捷菜单中选择"表格属性"命令，弹出"表格属性"对话框，在该对话框中可以设置指定大小的单元格、行高、列宽和表格，如图 1-2-26 所示。

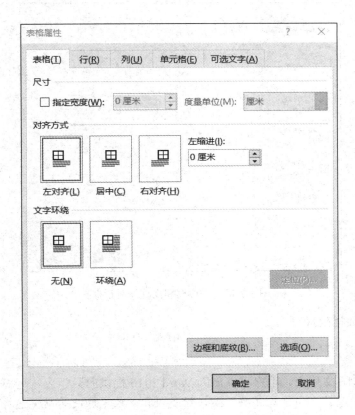

图 1-2-26 "表格属性"对话框

### 2.4.3 修饰表格

#### 1. 调整表格位置

选定整个表格，切换到"开始"选项卡，通过单击"段落"选项组中的"居中""左对齐""右对齐"等按钮即可调整表格的位置。

#### 2. 表格中单元格文字对齐方法

选定单元格（行、列或整个表格），选择"开始"选项卡，通过单击"段落"选项组中的"居中""左对齐""右对齐"等按钮完成设置。

#### 3. 表格添加边框和底纹

选定单元格（行、列或整个表格），右击，在弹出的快捷菜单中选择"表格属性"

命令，单击"边框和底纹"按钮，如图 1-2-27 所示。若要修饰边框，选择"边框"选项卡，按要求设置表格的每条边线的式样，再单击"确定"按钮即可；若要添加底纹，切换到"底纹"选项卡，按要求设置颜色和应用范围，单击"确定"按钮即可。

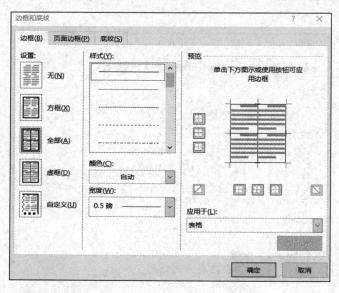

图 1-2-27　"边框和底纹"对话框

### 2.4.4　表格的数据处理

#### 1. 表格的计算

在 Word 2016 文档中，用户可以借助 Word 2016 提供的数学公式运算功能对表格中的数据进行数学运算，包括加、减、乘、除及求和、求平均值等常见运算。具体操作步骤如下。

（1）在准备参与数据计算的表格中选定要放置计算结果的单元格。

（2）在"表格工具｜布局"选项卡中单击"数据"选项组中的"公式"按钮，打开"公式"对话框，如图 1-2-28 所示。

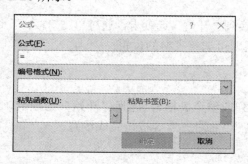

图 1-2-28　"公式"对话框

（3）在"公式"文本框中，系统会根据表格中的数据和当前单元格所在位置自动推荐一个公式。例如，"=SUM（LEFT）"是指计算当前单元格左侧单元格的数据之和，用户可以单击"粘贴函数"下拉按钮选择合适的函数，如平均数函数 AVERAGE。

（4）完成公式的编辑后，单击"确定"按钮即可得到计算结果。

2. 表格排序

在使用 Word 2016 制作和编辑表格时，有时需要对表格中的数据进行排序，具体操作步骤如下。

（1）将插入点置于表格中任意位置。

（2）切换到"表格工具｜布局"选项卡，单击"数据"选项组中的"排序"按钮，弹出"排序"对话框，如图 1-2-29 所示。

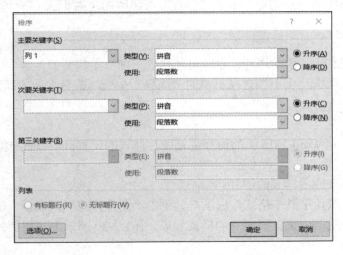

图 1-2-29　"排序"对话框

（3）在"排序"对话框中选中"列表"选项组中的"有标题行"单选按钮，如果选中"无标题行"单选按钮，则标题行也将参与排序。

（4）单击"主要关键字"下拉按钮，选择排序依据的主要关键字，然后选择"升序"或"降序"单选按钮，以确定排序的顺序。

# 2.5　Word 2016 图文混排功能

在 Word 2016 文档中插入图片时，用户可以将图形对象与文字结合在一个版（页）面上，实现图文混排，轻松地设计出图文并茂的文档。

### 2.5.1 插入图片

要将来自文件的图片插入到当前文档中，具体操作步骤如下。

（1）将插入点定位于插入图片的位置。

（2）单击"插入"选项卡"插图"选项组中的"图片"按钮，打开"插入图片"对话框。在此对话框中找到包含所需图片的文件，单击"插入"按钮，完成图片的插入。

### 2.5.2 图片的格式化

**1. 图片大小**

在 Word 2016 中可以调整插入图片的大小。单击要调整大小的图片，此时该图片周围出现 8 个空心圆圈的控制点，拖动控制点即可修改图片大小。

**2. 裁剪图片**

插入到 Word 2016 中的图片，有时可能包含一部分不需要的内容，可以单击"图片工具 | 格式"选项卡"大小"选项组中的"裁剪"按钮，裁剪多余的部分。

**3. 设置图片样式**

可以为插入到 Word 2016 中的图片进行图片样式的设置，以实现快速修饰美化图片，具体操作步骤如下。

（1）选定需要应用样式的图片。

（2）选择"图片工具 | 格式"选项卡，单击"图片样式"列表框中的图片样式，即可在 Word 2016 文档中预览该图片的样式效果，图 1-2-30 所示为应用图片样式前后图片的对比。

（a）应用图片样式前

（b）应用图片样式后

图 1-2-30　应用图片样式的前后对比

**4. 调整图片颜色**

调整图片颜色的具体操步骤法如下。

（1）选定需要调整颜色的图片。

（2）选择"图片工具 | 格式"选项卡，单击"调整"选项组中的"颜色"下拉按钮，

在弹出的下拉列表中选择不同的选项即可调整图片的颜色饱和度、色调、重新着色及其他效果。

5．删除图片背景

删除图片背景的操作步骤如下。

（1）选定需要删除背景的图片。

（2）选择"图片工具丨格式"选项卡，单击"调整"选项组中的"删除背景"按钮，图片进入背景编辑状态，同时功能区显示"背景消除"选项卡，如图 1-2-31 所示。

图 1-2-31　"背景消除"选项卡

（3）拖动图片中的控制点，调整删除的背景范围。

（4）通过"标记要保留的区域"和"标记要删除的区域"按钮，修正图片中的标记，提高消除背景的准确度。

（5）设置完成后，单击"保留更改"按钮。

6．设置图片的艺术效果

可以为插入的图片设置铅笔素描、画图笔画、发光散射等特殊效果，具体操作步骤如下。

（1）选定需要设置艺术效果的图片。

（2）选择"图片工具丨格式"选项卡，单击"调整"选项组中的"艺术效果"下拉按钮，在弹出的下拉列表中选择需要的艺术效果。

## 2.5.3　绘制图形

在 Word 2016 中，用户可以通过"插图"选项组提供的"形状"按钮，绘制出符合自己需要的图形。绘制方法和 Windows 中的画图程序基本一样，这里不再详细叙述。

## 2.5.4　艺术字的使用

建立艺术字的操作步骤如下。

（1）打开需要插入艺术字的文档，选定插入位置。

（2）单击"插入"选项卡"文本"选项组中的"艺术字"下拉按钮。

（3）在弹出的艺术字样式下拉列表中选择一种样式，插入点处即显示艺术字占位符，如图 1-2-32 所示。

# 请在此放置您的文字

图 1-2-32　艺术字占位符

（4）单击占位符输入文本，如"Internet"。

（5）由于在 Word 2016 中将艺术字视为图形对象，因此它可以像其他图形形状一样，切换到"绘图工具｜格式"选项卡，通过各选项组中的命令按钮进行格式化设置。

## 2.5.5　使用文本框

### 1．建立文本框

建立文本框有两种方法。

1）插入一个具有内置样式的文本框

选择"插入"选项卡，单击"文本"选项组中的"文本框"下拉按钮，从弹出的下拉列表中选择一种文本框样式。

2）插入空文本框

单击"文本"选项组中的"文本框"下拉按钮，从弹出的下拉列表中选择"绘制横排文本框"或"绘制竖排文本框"选项。

### 2．编辑文本框

文本框具有图形的属性，所以对它的编辑与图形的格式设置相同，用户可以通过处理图形的方式对文本框进行设置，包括移动、改变大小、填充颜色、设置边框及调整位置等。

### 3．文本框的应用

除内置的文本框外，文本框不能随着其内容的增加而自动扩展，但可通过链接各文本框使文字从文档一个部分排至另一个部分。

### 4．文本框的删除

在页面视图中，选定要删除的文本框，直接按【Delete】键即可。删除文本框时，文本框中的文本、图形等对象也一同被删除。

# 第3章 电子表格软件 Excel 2016

**学习目标：**
- Excel 的基本功能，工作簿和工作表的基本操作。
- 工作表数据的输入、编辑和修改。
- 单元格格式化操作，数据格式的设置。
- 工作簿建立和保存。
- 单元格的引用，公式和函数的使用。
- 图表的创建、编辑与修饰。
- 数据的排序、筛选和分类汇总。
- 数据透视表的使用。
- 页面设置和建立超链接。

## 3.1 Excel 2016 概述

### 3.1.1 Excel 2016 的启动与退出

Excel 2016 软件的启动与退出与 Word 2016 一样，这里不再详述。只是要注意的是，在退出 Excel 2016 时，表格文件没有命名或保存，将会有文件存盘的提示信息，只需根据需要确定是否命名或保存即可。

### 3.1.2 Excel 2016 的基本概念

#### 1. 工作簿

工作簿是指 Excel 2016 中用来存储和处理数据的文件，扩展名为.xlsx（早期版本为.xls）。每个工作簿可以包含 1~255 个工作表。

#### 2. 工作表

工作表是指 Excel 2016 中用于存储和处理数据的主要文档，也称为电子表格（二维表格）。工作表由排列成行或列的单元格组成。工作表存储在工作簿中。每张工作表都有一个相应的工作表标签。工作表标签上显示的就是该工作表的名称。新建的空白工作簿都包含 3 个工作表，其初始名称分别为 Sheet1、Sheet2、Sheet3。

### 3. 单元格

单元格是工作表中的最基本单位，是行和列交叉处形成的长方格。在单元格中，纵向的称为列，列标用字母 A～XFD 表示，共 16 384 列；横向的称为行，行号用数字 1～1 048 576 表示，共 1 048 576 行。单元格名称用列标和行号来表示，例如，第一行、第一列的单元格名称为 A1。

### 4. 区域

多个单元格可组成一个区域。选择一个区域后，可对其数据或格式进行统一操作。

### 5. 输入框

一个新的工作簿打开后，第一个工作表的第一个单元格 A1 被套上一个加粗的黑框，这个框称为输入框。

# 3.2 Excel 2016 基本操作

## 3.2.1 新建工作簿

若要创建新工作簿，可以打开一个空白工作簿，也可以基于现有工作簿、默认工作簿模板或任何其他模板创建新工作簿。

启动 Excel 2016 后，在打开的页面单击右侧的"空白工作簿"选项，如图 1-3-1 所示。

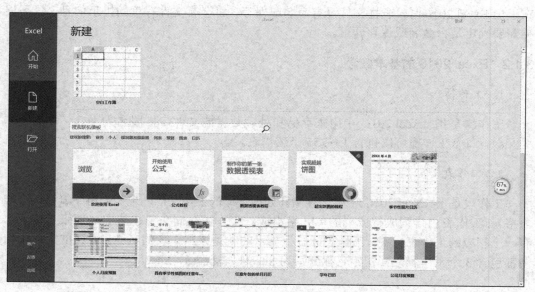

图 1-3-1　新建空白工作簿

### 3.2.2　打开已存在的工作簿

如果要对已保存的工作簿进行编辑，则需要先打开它，操作方法如下。

（1）在工作簿文件所在的文件夹中，直接双击工作簿文件名即可打开。

（2）在 Excel 2016 窗口中，选择"文件"选项卡上的"打开"选项，或使用【Ctrl+O】组合键，系统会弹出"打开"对话框，用户可以选择文件所在位置和文件名称，再单击"打开"按钮。

### 3.2.3　保存工作簿

保存文件是指将 Excel 2016 工作簿、工作表存储在磁盘中。保存 Excel 2016 文件可分为 3 种情况：保存文件、按原文件名保存、换名保存。

### 3.2.4　关闭工作簿

关闭工作簿的基本方法有：选择"文件"选项卡上的"关闭"选项，或单击工作簿窗口右上角的"关闭"按钮，或使用【Alt+F4】组合键，即可关闭当前工作簿。

### 3.2.5　保护工作簿

可以为工作簿设置密码，以防工作簿被非法使用。保护工作簿的操作步骤如下。

（1）选择"文件"选项卡中的"另存为"选项，打开"另存为"对话框。

（2）单击对话框中的"工具"下拉按钮，在弹出的下拉列表中选择"常规选项"选项，弹出如图 1-3-2 所示的"常规选项"对话框。

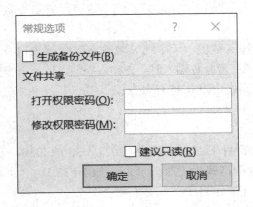

图 1-3-2　"常规选项"对话框

（3）在"打开权限密码"和"修改权限密码"文本框中填入所需密码。密码显示几个连续的"*"。如果选中"生成备份文件"复选框，则可生成一个备份文件。最后单击"确定"按钮，完成对工作簿的保护。

## 3.3　输入和编辑数据

### 3.3.1　输入数据

在输入数据前，首先在单元格内定位光标，出现光标后，即可输入数据。单元格中可以输入字符型、数值型、日期与时间型及逻辑值等多种类型的数据，也可以在单元格输入批注信息及公式。

#### 1．输入字符

字符型数据是指由首字符为下划线、字母、汉字或其他符号组成的字符串。

有时需要把一些纯数字组成的数字串当作字符型数据，如身份证号。为把这些数据当作字符型数据，在输入数据前面需添加单引号"'"，如 '87654321 等。确认输入后，输入项前添加的符号将会自动取消。

字符型的数据在单元格中默认是左对齐。

#### 2．输入数值型数据

像+34.56、−123、1.23E−3 等有大小意义的数据，称为数值型数据。在输入正数时，前面的加号可以省略，如要输入值 110 可直接输入"110"；在输入负数时可以用"−"开始，如要输入数值−110 可输入"−110"。纯小数可以省略小数点前面的 0，如要输入小数 0.8 可输入".8"。

可以以分数的形式输入数值，一个纯分数输入时必须先以 0 开头，然后按一下空格键，再输入分数，如 0 1/2；带分数输入时，先输入整数，按一下空格键，然后再输入分数。数值型的数据在单元格中默认是右对齐。

#### 3．输入日期与时间

输入日期的格式为年/月/日或月/日，如 2021/3/30 或 3/30，表示 2021 年 3 月 30 日或 3 月 30 日；输入时间的格式为"时:分:秒"，如 10:35:10。

输入的日期与时间在单元格中默认是右对齐。

#### 4．输入逻辑值

可以直接输入逻辑值 True（真）或 False（假）。逻辑值一般是在单元格中进行数据之间的比较运算时，Excel 2016 判断后自动产生的结果。

逻辑值在单元格中居中显示。

5．插入一个批注信息

选定某个单元格，选择"审阅"选项卡，单击"批注"选项组中的"新建批注"按钮（或按【Shift+F2】组合键），在系统弹出的批注文本框中输入批注信息。批注信息不需要时也可删除。

6．数据的取消输入

在输入数据的过程中，如果取消输入，可按【Esc】键。

### 3.3.2　快速输入数据

1．在连续区域内输入数据

选定要输入数据的区域，在所选区域内，如果要沿着行（列）输入数据，则在每个单元格输入完毕后按【Tab】或【Enter】键。

2．输入相同单元格内容

单元格区域选定后，输入数据并按下【Ctrl+Enter】组合键，则刚才所选的单元格区域内都将被填充同样的数据。与此同时，新数据将覆盖单元格中已经有的数据。

3．自动填充

选定待填充数据的起始单元格，输入序列的初始值，如 10。如果要让序列按给定的步长增长，再选定下一单元格，在其中输入序列的第二个数值，如 12。两个起始数值之差，决定该序列的步长。然后选定这两个单元格，并移动鼠标指针到选定区域的右下角，这时指针变为"＋"，按下鼠标左键拖动填充柄至所需单元格区域。

4．使用填充命令输入数据

可以使用菜单命令进行自动填充，其操作步骤如下。

（1）在序列中第一个单元格和第二个单元格输入数据，如 A1 输入 10，A2 输入 12。

（2）选定要填充序列的单元格区域，如 A1:A10。

（3）选择"开始"选项卡，单击"编辑"选项组中的"填充"下拉按钮，在弹出的下拉列表中，选择"序列"选项，打开"序列"对话框，如图 1-3-3 所示。

（4）在"序列"对话框中选中"列""自动填充"两个单选按钮。

（5）单击"确定"按钮。

在"填充"下拉列表中，如果选择了"向上"、"向下"、"向左"或"向右"选项，则把选定区域第一个单元格的数据复制到选定的其他单元格中，这样的结果可以当作单元格内容的复制。

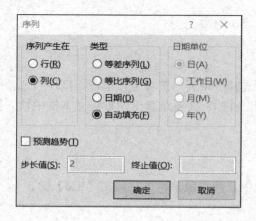

图 1-3-3　"序列"对话框

### 5. 自定义序列

（1）选择"文件"选项卡的"选项"选项，打开"Excel 选项"对话框。选择左侧窗格中的"高级"选项，然后在右侧窗格中单击"编辑自定义列表"按钮，打开如图 1-3-4 所示的"自定义序列"对话框。

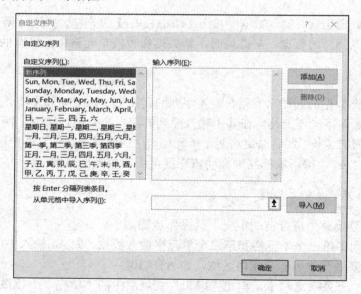

图 1-3-4　"自定义序列"对话框

（2）在"输入序列"文本框中分别输入序列的每一项，单击"添加"按钮，将所定义的序列添加到"自定义序列"的列表中；或者单击要导入的序列所在的单元格，将它添入"自定义序列"列表中。

（3）单击"确定"按钮。

按上述方法定义好自定义序列后，就可以利用填充柄或"填充"选项使用它了。

# 3.4  编辑工作表

工作表的编辑工作主要包括单元格内容的移动、复制、删除，单元格的插入，行、列的删除、插入，工作表的移动、复制、删除和插入，页面设置和打印设置等。

## 3.4.1  工作表的基本操作

### 1. 插入工作表

插入工作表有以下 3 种方法。

（1）利用快捷方式按钮。在工作区，单击默认工作表标签右侧的"⊕"按钮，即可在工作表的后面插入一张新工作表。

（2）利用鼠标右键。选择工作表标签，右击，弹出快捷菜单，选择"插入"命令，弹出"插入"对话框，选择"工作表"选项，单击"确定"按钮，即可在选择的工作表前插入一张新工作表。

（3）利用功能区。选择当前工作表，在功能区中选择"开始"选项卡，单击"单元格"选项组中的"插入"下拉按钮，在弹出的下拉列表中选择"插入工作表"选项，即可在当前工作表前插入一张新工作表。

### 2. 工作表的重命名

重命名工作表有以下 3 种方法。

（1）利用鼠标右键。选择当前工作表标签，右击，弹出快捷菜单，选择"重命名"选项，输入新名称即可。

（2）双击鼠标。选择当前工作表标签，双击，输入新名称即可。

（3）利用功能区。选择当前工作表，在功能区中选择"开始"选项卡，单击"单元格"选项组中的"格式"下拉按钮，在弹出的下拉列表中选择"重命名工作表"选项，输入新名称即可。

### 3. 删除工作表

删除工作表有以下 2 种方法。

（1）利用鼠标右键。选择当前工作表标签，右击，弹出快捷菜单，选择"删除"选项即可。

（2）利用功能区。选择当前工作表，在功能区中选择"开始"选项卡，单击"单元格"选项组中的"删除"下拉按钮，选择"删除工作表"选项，即可删除当前工作表。

### 4. 显示或隐藏工作表

显示或隐藏工作表的方法有以下 2 种。

（1）利用鼠标右键。选择需要隐藏的工作表标签，右击，弹出快捷菜单，选择"隐藏"选项即可；如取消隐藏，在任何一个工作表标签上，右击，弹出快捷菜单，选择"取消隐藏"，打开"取消隐藏"对话框，选择需要显示的工作表，单击"确定"按钮即可。

（2）利用功能区。在功能区选择"开始"选项卡，单击"单元格"选项组的"格式"下拉按钮，从"隐藏和取消隐藏"子菜单中选择"隐藏工作表"选项即可；如取消隐藏，可选择"取消隐藏工作表"选项。

### 5. 移动或复制工作表

移动工作表是指将一张工作表移动到另外一个位置，即调整工作表的次序；而复制工作表就是把一张工作表的内容复制到另一张工作表中。常用的方法如下。

（1）利用鼠标左键。选择需要移动的工作表标签，按住鼠标左键，移动到需要的位置松手即可。

（2）利用鼠标右键。选择当前工作表，右击，弹出快捷菜单，选择"移动或复制"选项，弹出"移动或复制工作表"对话框。选择需要移动到的"工作簿 1"下拉列表，在"下列选定工作表之前"选择需要移动工作表之前的工作表；如果复制，选中"建立副本"复选框，如图 1-3-5 所示。

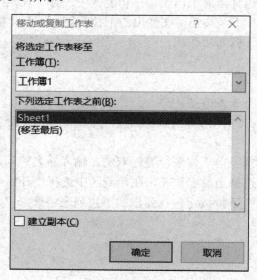

图 1-3-5　"移动或复制工作表"对话框

## 3.4.2　页面设置与打印设置

### 1. 页面设置

在功能区选择"页面布局"选项卡，单击"页面设置"选项组右下角的对话框启动器按钮，打开"页面设置"对话框，如图 1-3-6 所示。

图 1-3-6　"页面设置"对话框

　　"页面"选项卡：可设置纸张的方向（纵向、横向）；调节缩放比例；选择纸张大小（A4 纸、B5 纸、B4 纸等）等。

　　"页边距"选项卡：可调节文本内容距上下左右边线的距离；也可调节页眉、页脚距离边线的距离；居中方式可以选择水平居中、垂直居中。

　　"页眉/页脚"选项卡：可自定义页眉/页脚，设置奇偶页不同及首页不同等。

　　"工作表"选项卡：可通过"打印区域"进行打印区域选择；打印标题也可选择相应按钮打印顶端标题行或从左侧重复的列数；打印可选中网络线、单色打印、草稿质量、行和列标题复选框；打印顺序可"先列后行"或"先行后列"。

　　2. 打印设置

　　在功能区选择"文件"选项卡，选择"打印"选项，显示"打印""打印预览"窗口。

　　打印份数：直接输入数据即可。

　　打印活动工作表：直接输入页码即可，也可单击"打印活动工作表"右侧的下拉按钮进行相应选择。

　　设置完毕后单击"打印"按钮即可打印。

# 3.5 格式化工作表

## 3.5.1 设置行高与列宽

### 1. 使用鼠标调整行高、列宽

把鼠标移动到行与行或列与列的分隔线上，鼠标变成双箭头"╪"或"╫"时，按住鼠标左键不放，拖动行号（列标）的下（右）边界来设置所需的行高（列宽），这时将自动显示高度（宽度）值。调整到合适的高度（宽度）后放开鼠标左键。

若要更改多行（列）的高度（宽度），先选定要更改的所有行（列），然后拖动其中一个行号（列标）的下（右）边界；如果要更改工作表中所有行（列）的高度（宽度），选中全部单元格，然后拖动任意一行号（列标）的下（右）边界。

### 2. 精确设置行高、列宽

选择"开始"选项卡，单击"单元格"选项组中的"格式"下拉按钮，在弹出的下拉列表中选择"行高"或"列宽"选项，打开"行高"或"列宽"对话框，如图 1-3-7 所示，在对话框中输入行高或列宽的精确数值即可。

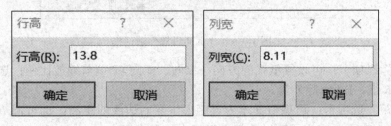

图 1-3-7 "行高"和"列宽"对话框

如果选择"自动调整行高"或"自动调整列宽"选项，系统将自动调整到最佳行高或列宽。

## 3.5.2 设置单元格格式

需要对文本区域进行格式设置时，本着先选择后操作的原则，打开"设置单元格格式"对话框，根据需要选择相应选项进行操作即可，也可根据功能面板进行操作。

1．设置数字格式

在 Excel 2016 中，可以设置单元格数字的格式，其具体分类如下。

常规：是 Excel 2016 的默认格式。数字可显示为整数、小数等，但格式不包含任何特定的数字格式。

数值：用于一般数字的表示。可以选择是否使用逗号分隔千位，选择负数采用什么形式表现。

货币：用于表示一般货币数值，使用逗号分隔千位。可以设置小数位数、选择货币符号，以及如何显示负数。

会计专用：会计格式可以对一列数值进行小数点对齐。

日期：可以选择不同的日期格式。

时间：可以选择不同的时间格式。

百分比：将单元格中的数值乘以 100，并以百分数形式显示。

分数：可以从 9 种分数格式中选择一种格式。

科学计数：用指数符号"E"表示，可以设置"E"左边显示的小数位数，即精度。

文本：用于显示的内容与输入的内容完全一致。

特殊：可用于跟踪数据列标及数据库的值。

自定义：以现有格式为基础，生成自定义的数字格式。

2．设置字体格式

在"设置单元格格式"对话框"字体"选项卡中，可以选择"字体"库中的合适字体，在"字形"库中可选择合适的字形，在"字号"库中可选择合适的字号，还可以对字体设置颜色、特殊效果等。

3．设置对齐格式

在"设置单元格格式"对话框"对齐"选项卡中，包含 8 种水平对齐的方式、5 种垂直对齐的方式、3 种文本控制，文字方向可根据具体情况进行调节。

4．设置边框格式

原始的单元格是没有边框线的。为了打印出来美观，用户可对单元格加边框线。在"设置单元格格式"对话框的"边框"选项卡中，可以选择线条的样式、线条的颜色等。

### 3.5.3　格式设置的自动化

当格式化单元格时，某些操作可能是重复的，这时可以使用 Excel 2016 提供的复制格式功能实现快速格式化的设置。

**1. 使用"格式刷"按钮格式化单元格**

选定所要复制格式的源单元格，单击"开始"选项卡"剪贴板"选项组中的"格式刷"按钮，这时所选择单元格出现跑动的虚线框。用带有格式刷的光标选择目标单元格，完成操作。

**2. 使用"复制"与"粘贴"命令格式化单元格**

选定所要复制格式的源单元格，单击"剪贴板"选项组中的"复制"按钮，这时所选单元格出现跑动的虚线框。然后再选择要格式化的目标单元格，单击"粘贴"下拉按钮，选择下拉列表中的"选择性粘贴"选项，打开"选择性粘贴"对话框，选中"格式"单选按钮，单击"确定"按钮，完成对单元格的格式化操作。

**3. 使用"套用表格格式"格式化单元格**

本着先选择后操作的原则，先选定单元格区域，然后在"开始"选项卡"样式"选项组中单击"套用表格格式"下拉按钮，找到合适的格式即可。

# 3.6 公式与函数

Excel 2016 提供了大量的、类型丰富的实用函数，它们在数据分析和数据处理方面起到了非常重要的作用。函数的应用是以公式使用为基础的，通过公式和函数计算出的结果不但有很高的正确率，而且在今后数据发生变化时，其计算结果也会自动更新。

## 3.6.1 公式操作的基本方法

公式就是表达式，由"="开始，包括运算符、单元格引用、数值或文本、函数、括号等。在编辑栏可编辑公式，计算的结果显示在单元格内。

**1. 运算符**

1）数值运算符

用来完成基本的数学运算，数值运算符有±（正负）、%（百分比）、*（乘）、/（除）、+（加）、-（减），其运算结果为数值型。

2）比较运算符

用来对两个数值进行比较，产生的结果为逻辑值 True（真）或 False（假）。比较运算符有<（小于）、<=（小于等于）、>（大于）、>=（大于等于）、=（等于）、<>（不等于）。

3）引用运算符

引用运算符用来将单元格区域进行合并运算。引用运算符有 3 个，它们分别为":"、","和空格。

"："：表示对两个单元格围成的区域内的所有单元格进行引用，如"AVERAGE（A1:D8）"。

"，"：表示将多个引用合并为一个引用，如"SUM(A1,B2,C3,D4,E5)"。

"空格"：表示只处理各引用区域间相重叠部分的单元格。例如，输入公式"=SUM（A1:C3 B2:D4）"，即求出这两个区域中重叠的单元格 B2，B3，C2，C3 的和。

2．运算符的优先级

各种运算符的优先级如表 1-3-1 所示。

表 1-3-1　运算符优先级

| 运算符 | 优先级 | 说明 |
| --- | --- | --- |
| :，空格 | ① | 引用运算符 |
| – | ② | 负号 |
| % | ③ | 百分号 |
| * / | ④ | 乘、除法 |
| + – | ⑤ | 加、减法 |
| = < > <= >= <> | ⑥ | 比较运算符 |

如果在运算中同时包含了多个相同优先级的运算符，则 Excel 2016 将按照从左到右的顺序进行计算，若要更改运算的次序，就要使用"()"将需要优先的部分括进来。

3．公式输入

1）在单元格中直接输入（以 C3:D3 区域为例）

（1）直接输入法：选定或双击需要输入的单元格，在该单元格内输入"="号，在"="号后输入"C3*D3"即可。

（2）间接输入法：选定或双击需要输入的单元格，在该单元格内输入"="号，在"="号后，用鼠标单击 C3 单元格，然后输入"*"，再单击 D3 单元格，按【Enter】键或单击输入符号"√"即可。

2）在多个单元格中输入（以 E3:E5 区域为例）

为了提高工作效率，不需要一个单元格一个单元格地输入公式，可以利用快捷的方法：复制、粘贴法和填充公式法。

（1）复制、粘贴法：选择 E3 单元格，右击，弹出快捷菜单，选择"复制"命令（也可用【Ctrl+C】组合键），选择 E4:E5 区域，右击，弹出快捷菜单，选择"粘贴"命令即可（也可用【Ctrl+V】组合键）。

（2）填充公式法：选择 E3 单元格，把鼠标移到 E3 单元格右下角，当鼠标指针呈十字形时，按住鼠标左键，拉到 E5 单元格的位置，然后松手即可。

### 3.6.2　引用单元格

#### 1.　相对引用

将单元格的名称直接用在公式中，就称为单元格的相对引用。当一个单元格中的公式复制（或填充）到其他单元格中时，公式中引用的单元格的名称就会发生"相对"变化：复制到其他行时，其行号改变；复制到其他列时，其列标改变；复制到其他行和其他列时，其行号和列标都改变。

#### 2.　绝对引用

单元格绝对引用的方法是在列标和行号前都加上符号"$"，如$A$1，它表示 A 列第 1 行的单元格。包含它的公式，无论被复制到哪个单元格，引用位置都不变。实际上，"$"的作用就是在公式的复制过程中限制单元格名称的列标或行号，不让它随之发生变化。

#### 3.　混合引用

单元格混合引用的方法是只在列标和行号之一上加上符号"$"，如$A1 和 A$1，它们都表示 A 列第 1 行的单元格。但将引用它们的公式复制到其他单元格时，未加"$"的列标，会随列的改变而改变；未加"$"的行号，会随行的改变而改变。

在引用单元格时，反复按下【F4】功能键可以在相对引用、绝对引用和混合引用之间进行切换。

### 3.6.3　使用函数的基本方法

#### 1.　函数的输入

对于比较简单的函数，以"="或"+"开始，直接在单元格内输入函数及所使用的参数；其他函数的输入，可采用粘贴函数的方法引导用户正确输入。操作方法如下。

（1）选取要插入函数的单元格。单击"公式"选项卡"函数库"选项组中的"插入函数"按钮，打开"插入函数"对话框，如图 1-3-8 所示。

（2）在"或选择类别"列表框中选择合适的函数类型，再在"选择函数"列表框中选择所需的函数名。

（3）单击"确定"按钮，弹出所选函数的"函数参数"对话框，如图 1-3-9 所示。在对话框中，系统显示出该函数的名称、各参数以及对参数的描述，提示用户正确使用该函数。

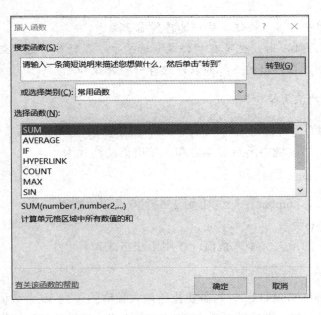

图 1-3-8　"插入函数"对话框

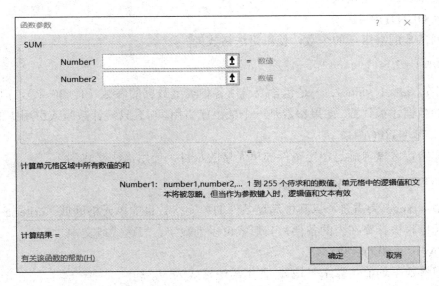

图 1-3-9　"函数参数"对话框

（4）依次为 Number1 和 Number2 文本框设置所需单元格参数。

（5）单击"确定"按钮，完成函数的使用。最后利用公式的复制，将公式复制到其他单元格中。

**注意**：（1）在编辑区内输入"="或"+"时屏幕名称框内就会出现函数列表。用户可以从中选择相应的函数。要是在该函数框中没有所需函数名，则单击"其他函数"（或在编辑区内直接单击"$f_x$"按钮）从中选择所需函数。

（2）要使用函数，用户也可在"公式"选项卡"函数库"选项组中，单击有关插入函数的命令按钮，在弹出的下拉列表中选择一种函数即可。

2. 常用函数的使用举例

1）SUM()函数

返回某一单元格区域中所有数字之和，使用语法格式为

```
SUM(number1,number2,…)
```

其中：number1, number2, …为 1 到 255 个待求和的数值。

2）MAX/MIN()函数

返回数据集中的最大（小）数值，使用语法格式为

```
MAX(number1, number2,…)
```

其中：number1, number2, …为需要找出最大数值的 1 到 30 个数值。可以将参数指定为数字、空白单元格、逻辑值或数字的文本表达式。如果参数为错误值或不能转换成数字的文本，将产生错误。

3）COUNT()函数

返回参数的数字项的个数，使用语法格式为

```
COUNT(value1,value2, …)
```

其中：value1, value2, …是包含或引用各种类型数据的参数（1～30 个），但只有数字类型的数据才被计数。如果参数是一个数组或引用，那么只统计数组或引用中的数字。

4）COUNTIF()函数

计算给定区域内满足特定条件的单元格的数目，使用语法格式为

```
COUNTIF(range,criteria)
```

其中：range 为需要计算其中满足条件的单元格数目的单元格区域；criteria 为确定哪些单元格将被计算在内的条件，其形式可以为数字、表达式或文本。

5）AVERAGE()函数

返回参数平均值（算术平均），使用语法格式为

```
AVERAGE(number1, number2, …)
```

其中：number1, number2, …是要计算平均值的 1～30 个参数。参数可以是数字，或者是涉及数字的名称、数组或引用。

6）IF()函数

执行真假值判断，根据逻辑测试的真假值返回不同的结果，使用语法格式为

```
IF(logical_test,value_if_true,value_if_false)
```

其中：logical_test 表示计算结果为 TRUE 或 FALSE 的任意值或表达式。value_if_true 是 logical_test 为 TRUE 时返回的值。value_if_false 是 logical_test 为 FALSE 时返回的值。

7）RANK.AVG() 与 RANK.EQ() 函数

（1）RANK.AVG() 函数。RANK.AVG() 将返回一个数字在数字列表中的排位。数字的排位是其大小与列表中其他值的比值。如果多个值具有相同的排位，则将返回平均排位。语法格式为

```
RANK.AVG（number,ref,[order]）
```

其中：number（必需）表示要查找其排位的数字。ref（必需）表示数字列表数组或对数字列表的引用，ref 中的非数值型值将被忽略。order（可选）表示一个指定数字的排位方式的数字。如果 order 为 0（零）或忽略，对数字的排位就会基于 ref 是按照降序排序的列表。如果 order 不为 0，ref 是按照升序排序的列表。

（2）RANK.EQ() 函数。RANK.EQ() 返回一个数字在数字列表中的排位。其大小与列表中的其他值相关。如果多个值具有相同的排位，则返回该组数值的最高排位。语法格式为

```
RANK.EQ（number,ref,[order]）
```

参数与 RANK.AVG() 相同。此外，Excel 2016 还支持使用向下兼容的 RANK() 函数，其用法大同小异，只不过在排序时，相同的数据产生位次一样。

# 3.7　图　　表

图表是数据的可视化表示，可以使数据的分析和比较变得更为直观和容易，更具有良好的视觉效果。Excel 2016 为用户提供了这一强大的功能。

## 3.7.1　创建图表

在 Excel 2016 中，图表是用图形表示的，一般由图表区、绘图区、图标标题、图例、垂直轴、水平轴、数据系列以及网格线等组成。

创建图表的方法有以下 2 种。

（1）利用图表区按钮创建图表。在工作簿中创建图表工作表的方法很简单，先在工作表中选定用于创建图表的数据区，再按【F11】键，便会得到一个图表工作表。

（2）利用图表向导创建图表。先在工作表中选定用于创建图表的数据区，然后单击"插入"选项卡"图表"选项组右下角的对话启动器按钮，打开"插入图表"对话框。在"插入图表"对话框选择"所有图表"选项卡，单击"柱形图"中的"簇状柱形图"按钮。

### 3.7.2　编辑和修改图表

#### 1. 改变图表类型

对已经创建好的图表还可以改变其类型，以找出最具表现力的图形表示。其操作步骤如下。

（1）选定要改变类型的图表。

（2）选择"图表工具｜设计"选项卡"类型"选项组中的"更改图表类型"选项，这时出现 "更改图表类型"对话框。

（3）选择图表和子图表类型，单击"确定"按钮，完成图表类型的更改。

#### 2. 修改图表

创建图表之后，可以进行添加、修改和删除数据、图表标题、数据标签等多种操作。

1）图表的更新

如果修改、删除、添加工作表中与图表有关的行列，那么图表会自动更新。

2）添加、修改和删除图表标签、坐标轴标题、数据标签

通过"图表工具｜设计"选项卡"图表布局"选项组的相关选项，可以添加、修改或删除图表标题、坐标轴标题、数据标签等。

### 3.7.3　修饰图表

为了让图表更加美观，还可以对图表进行格式化处理。例如，可对图表标题、系列名称、类别名称、横纵坐标标题、数据标签等项进行位置、字体等多方面的修改。具体操作不在此赘述。

# 3.8　工作表中的数据库操作

### 3.8.1　数据排序

#### 1. 根据单列的数据内容进行排序

单击数据清单中任意单元格，如果数据需要升序排列，单击"数据"选项卡"排序和筛选"选项组中的"升序"按钮；反之单击"降序"按钮，则数据清单按降序排列。

#### 2. 根据多列的数据内容进行排序

（1）在数据清单中单击任意单元格，单击"数据"选项卡"排序和筛选"选项组中的"排序"按钮。

（2）这时 Excel 2016 会自动选择整个数据清单，并打开"排序"对话框，如图 1-3-10 所示。

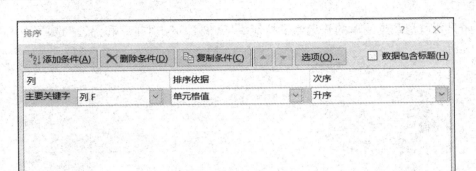

图 1-3-10 "排序"对话框

（3）在"排序"对话框中，Excel 2016 允许用户一次根据多个关键字（排序依据）进行排序。单击"添加条件"按钮，可增加排序的条件；单击"删除条件"按钮，可减少排序的条件；单击"复制条件"按钮，可将光标所在的条件行复制添加一个排序条件，然后再进行修改；单击"选项"按钮，弹出如图 1-3-11 所示的"排序选项"对话框，根据需要可设置按行或按列（默认）排序，排序方法可选择"字母排序"或"笔划排序"。

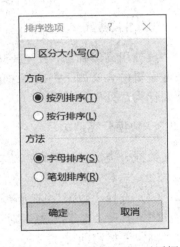

图 1-3-11 "排序选项"对话框

在"主要关键字""次要关键字"下拉列表中选择所需字段名，设置好"排序依据"和"次序"。

（4）单击"确定"按钮，完成操作。

### 3.8.2 数据筛选

1. 自动筛选命令

使用自动筛选的操作方法如下。

单击数据清单中的任意单元格，单击"数据"选项卡"排序和筛选"选项组中的"筛选"按钮或按【Ctrl+Shift+L】组合键。这时在每列数据清单上侧显示黑色下拉箭头，此箭头称为筛选器下拉箭头。单击每个"筛选器下拉箭头"，出现筛选器的下拉列表。

在"数字筛选"选项下选择"自定义筛选"选项，打开"自定义自动筛选方式"对话框，如图 1-3-12 所示，在其中输入条件。

取消自动筛选，恢复原来的数据清单，可直接单击"排序和筛选"选项组中的"清除"按钮即可。

如果要取消数据清单的筛选器下拉箭头，可再次单击"排序和筛选"选项组中的"筛选"按钮。

图 1-3-12 "自定义自动筛选方式"对话框

2. 高级筛选

要使用高级筛选，首先要建立条件区域。条件区域建立后，就可以进行高级筛选了。条件设置的含义如下：在连续的空白单元格中输入条件。在同一行为"与"的关系，在不同行为"列"的关系。

### 3.8.3 数据分类汇总

数据分类汇总的操作方法如下。

（1）先对关键字排序。

（2）选择"数据"选项卡"分级显示"选项组中的"分类汇总"选项。

（3）打开"分类汇总"对话框，设置"分类字段""汇总方式""选定汇总项"，单击"确定"按钮即可。

如果要取消分类汇总，重复上述操作，在打开的"分类汇总"对话框中单击"全部删除"按钮即可。

### 3.8.4 建立数据透视表

数据透视表是一种对大量数据快速汇总和建立交叉列表的交互式表格，其可以转换行和列以查看源数据的不同汇总结果，也可以显示不同页面的筛选数据，还可以根据需要显示区域明细数据。

1. 创建数据透视表

创建数据透视表的操作方法如下。

（1）选择"插入"选项卡的"表格"选项组，单击"数据透视表"按钮。

（2）在"创建数据透视表"对话框中，确保已选中"选择一个表或区域"单选按钮，然后在"表/区域"文本框中验证单元格区域。

（3）确定数据表的位置。

（4）单击"确定"按钮。

2．切片器

在数据透视表中，如果要查看同一类别的个体数据，可以使用"切片器"。利用"切片器"可以无须打开下拉列表，就能快速地查找需要筛选的项目。

### 3.8.5 建立超链接

在 Excel 2016 中建立超链接的步骤如下。

（1）选择需要建立超链接的单元格，然后选择"插入"选项卡"链接"选项组中的"链接"选项，打开"插入超链接"对话框。

（2）在"插入超链接"对话框的地址栏处填入地址，然后单击"确定"按钮。

（3）设置完超链接后文字格式会发生改变，单击文字，会直接打开链接地址。

# 第 4 章　演示文稿软件 PowerPoint 2016

学习目标：

- PowerPoint 2016 的基本功能和基本操作，演示文稿的视图模式和使用。
- 演示文稿中幻灯片的主题设置、背景设置、母版制作和使用。
- 幻灯片中文本、图形、图片、艺术字等对象的编辑和应用。
- 幻灯片中对象动画、幻灯片切换效果等交互设置。
- 幻灯片放映设置和打印。

## 4.1　PowerPoint 2016 基础

### 4.1.1　PowerPoint 2016 演示文稿的创建

创建演示文稿的方法有多种，实际上只要一启动 PowerPoint 2016，就会自动创建一个空白演示文稿。空白演示文稿是一个没有任何设计方案和示例文本的演示文稿。在这个空白演示文稿的基础上，根据需要可以添加多张不同版式的幻灯片。

单击"新建"按钮，系统出现如图 1-4-1 所示的"新建"窗口，根据需要，新建一个空白演示文稿或具有一定模板或主题的演示文稿。在"新建"窗口中，单击"空白演示文稿"按钮后，就会显示一张空白幻灯片。如果是首次启动演示文稿，那么 PowerPoint 2016 默认的文件名是"演示文稿 1"，其扩展名为.pptx。

图 1-4-1　"新建"窗口

### 4.1.2　打开与关闭演示文稿

#### 1．演示文稿的打开

要编辑修改一个演示文稿，就需要打开它。打开演示文稿的方法有如下 2 种。

（1）双击该演示文稿或启动 PowerPoint 2016 后，单击"文件"选项卡中的"打开"按钮，在"打开"窗口中，找到需要打开的演示文稿，单击"打开"按钮。

（2）按下【Ctrl+O】组合键。

#### 2．演示文稿的关闭

关闭演示文稿的方法主要有以下 4 种。

（1）单击标题栏右上角的"关闭"按钮。

（2）单击"文件"选项卡中的"关闭"按钮。

（3）按【Alt+F4】组合键。

（4）右击标题栏，选择"关闭"选项。

退出时系统会弹出对话框，要求用户确认是否保存演示文稿。选择"保存"则保存文档并退出；选择"不保存"则退出且不保存文档。

## 4.2　制作简单的演示文稿

### 4.2.1　创建演示文稿

创建演示文稿的步骤如下。

（1）启动 PowerPoint 2016，并打开演示文稿。

（2）在"普通"视图或"大纲"视图（也可在"幻灯片浏览"视图）窗口中选定要插入新幻灯片的位置。

（3）打开"开始"选项卡，单击"幻灯片"选项组中的"新建幻灯片"下拉按钮，在弹出的下拉列表中选择一张新幻灯片插入；也可按【Ctrl+M】组合键，插入一张新幻灯片。

（4）单击"幻灯片"选项组中的"版式"下拉按钮，在弹出的下拉列表中根据需要选择某种版式。

### 4.2.2　编辑幻灯片中的基本操作

编辑幻灯片中的基本操作方法如下。

（1）启动 PowerPoint 2016，并打开演示文稿。

（2）在"普通"视图或"大纲"视图（也可在"幻灯片浏览"视图，并双击该幻灯片）窗口中选定要添加标题文本的幻灯片。

（3）单击幻灯片中的"单击此处添加标题"，此处出现一个空白文本框，进入编辑模式，接着在文本框内输入标题内容。

（4）打开"插入"选项卡，单击"文本"选项组中的"文本框"下拉按钮，从中选择"绘制横排文本框"或"竖排文本框"选项。这时鼠标箭头变为"↓"或"←"，在所需要的位置，单击或按住鼠标左键不放拖出一个虚框，松开后，就插入了一个文本框，接着就可输入文本了。

类似地，用户可以在幻灯片中插入所需要的表格、图片、剪贴画、艺术字、日期和时间、动态链接，插入由其他软件创建的对象、公式、视频和音频等。操作方法与 Word 2016 和 Excel 2016 类似，这里不再细述。

### 4.2.3　移动、复制、隐藏及删除幻灯片

#### 1．移动幻灯片

在 PowerPoint 2016 中可非常方便地在不同视图下实现幻灯片的移动。例如，要将第 2 张幻灯片移动到第 5 张幻灯片的前面的操作方法为：将鼠标指向第 2 张幻灯片并按住鼠标左键不放，然后将其拖动到第 5 张幻灯片的前面，再释放鼠标，原第 2 张幻灯片被移到原第 5 张幻灯片的前面。

#### 2．复制幻灯片

例如，将第 2 张幻灯片复制到第 5 张幻灯片的位置上，其操作方法如下。

（1）将演示文稿切换至"幻灯片浏览"视图模式，然后单击第 2 张幻灯片。

（2）按住鼠标左键不放，同时按下【Ctrl】键，将鼠标指针拖动到第 5 张幻灯片的位置上，这时鼠标指针变为"⬚"形状。

（3）将鼠标指针拖动到指定位置上后，释放鼠标，幻灯片复制就完成了。

单击选定一张幻灯片后，按住【Shift】键的同时，再单击其他位置的幻灯片，可一次选择多张连续的幻灯片；按下【Ctrl】键，依次单击其他幻灯片，可选择多张不连续的幻灯片。

#### 3．隐藏幻灯片

在演示文稿中隐藏幻灯片，可以采用如下方法。

（1）在幻灯片"普通"视图或"幻灯片浏览"视图中，选择要隐藏的幻灯片，然后右击，在出现的快捷菜单中选择"隐藏幻灯片"命令即可。此时在该幻灯片左上角或左下角出现一个带斜线的编号数字，如图 1-4-2 所示。

（2）选择要隐藏的幻灯片，在"幻灯片放映"选项卡，单击"设置"选项组中的"隐藏幻灯片"按钮。

要将隐藏的幻灯片显示出来，重复上述步骤即可。

图 1-4-2　隐藏幻灯片

4. 删除幻灯片

要删除一张幻灯片，可在多种视图模式下进行。删除幻灯片的方法为：单击需要删除的幻灯片，然后按【Delete】键，就可删除该幻灯片。

### 4.2.4　保存演示文稿

保存演示文稿有以下 4 种方法。

（1）单击快速访问工具栏上的"保存"按钮，弹出"另存为"对话框，选择保存位置并输入文件名。

（2）选择"文件"选项卡中的"保存"选项。

（3）选择"文件"选项卡中的"另存为"选项。这种方法可以保留原有演示文稿的内容。

（4）选择"文件"选项卡中的"选项"选项，打开"PowerPoint 选项"对话框。在左侧单击"保存"按钮，在"保存演示文稿"选项组中可以设置"保存自动恢复信息时间间隔"来自动保存演示文稿。在这里还可以设置自动恢复文件位置。

## 4.3　演示文稿的显示视图

### 4.3.1　视图

演示文稿提供了编辑、浏览和观看幻灯片的多种视图模式，以便用户根据不同的需求使用，演示文稿的视图主要包括"普通视图""幻灯片浏览视图""备注页视图""大纲视图""阅读视图"5 种方式。可以在工作界面下方单击视图切换按钮切换到相应的视图模式下，也可以在"视图"选项卡"演示文稿视图"选项组里进行切换。

1. 普通视图

普通视图是 PowerPoint 2016 默认的视图模式。在该模式下用户可以方便地编辑和查看幻灯片的内容及添加备注内容等。普通视图由 3 个窗口组成:"幻灯片/大纲"窗口、幻灯片编辑区及备注窗口。

2. 幻灯片浏览视图

在幻灯片浏览视图模式下可浏览幻灯片在演示文稿中的整体结构和效果,可在幻灯片窗口中同时显示多张幻灯片缩略图。

3. 备注页视图

备注页视图在每一张幻灯片下显示备注编辑区。备注页上方显示的是当前幻灯片的内容缩览图,无法对幻灯片的内容进行编辑;下方的备注页为占位符,可向占位符中输入内容,为幻灯片添加备注信息。

4. 大纲视图

大纲视图可以将幻灯片中的标题分级显示,使幻灯片结构层次分明,易于编辑。当然还可设置幻灯片内容和显示标题的层级结构。

5. 阅读视图

阅读视图是一种放映的形式,将演示文稿的所有设置演示出来。视图只保留幻灯片窗口、标题栏和状态栏,用于幻灯片制作完成后的简单放映浏览,查看内容和幻灯片设置的动画和放映效果。通常是从当前幻灯片开始阅读,单击可以切换到下一张幻灯片,直到放映最后一张幻灯片后退出阅读视图。阅读过程中可随时按【Esc】键退出,也可以单击状态栏右侧的其他视图按钮,退出阅读视图并切换到其他视图。

### 4.3.2 幻灯片普通视图下的操作

1. 幻灯片/大纲窗口

幻灯片普通视图由大纲窗口和幻灯片窗口组成。其中,大纲窗口以大纲形式显示幻灯片文本,并能移动幻灯片和文本。幻灯片窗口以缩略图形式显示各个幻灯片。

2. 幻灯片编辑区

在普通视图中显示当前幻灯片时,可以添加文本,插入图片、剪贴画、相册、形状、SmartArt 图形、表格和视频音频等。

3. 备注窗口

在备注窗口中可以输入要应用于当前幻灯片的备注。

### 4.3.3　幻灯片浏览视图下的操作

浏览视图便于进行多张幻灯片顺序的编排，方便进行新建、复制、移动、插入和删除幻灯片等操作，还可以设置幻灯片的切换效果并预览，但不能对单张幻灯片的内容进行编辑。

# 4.4　修饰幻灯片的外观

## 4.4.1　用母版统一幻灯片的外观

### 1. 幻灯片母版

当演示文稿中的某些幻灯片拥有相同的格式时，可以采用幻灯片母版来定义和修改。在"视图"选项卡中单击"母版视图"选项组中的"幻灯片母版"按钮，进入"幻灯片母版"视图，如图 1-4-3 所示。

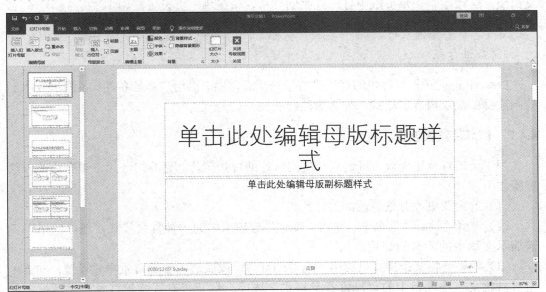

图 1-4-3　"幻灯片母版"视图

在幻灯片母版中更改的元素包括母版中的模板，主题，背景样式，占位符的字体、字号、字形、形状样式与效果等。其具体的操作步骤如下。

（1）启动幻灯片母版视图。

（2）在"幻灯片母版"选项卡中通过"编辑主题"与"背景"选项组中的相关命令按钮，对幻灯片母版设置主题样式与背景样式等。

（3）单击要更改的占位符边框处，按需要改变它的位置、大小或格式以对标题进行设置。

（4）在母版上设置每张幻灯片上都要设置的内容，如日期、页脚等，如果要使用其他幻灯片中没有的元素，可插入一个占位符、表格、图片、剪贴画、形状、图表、文本框、视频等，并安排好这些元素的布局等。

（5）如果还需要新的母版，可以单击"插入版式"按钮，插入一个用户自定义的版式；还可以单击"插入幻灯片母版"按钮，插入一个新幻灯片母版。

设置好母版后，切换回普通视图，则上面的设置被自动应用到演示文稿的所有幻灯片中。

并不是所有的幻灯片在每个细节部分都必须与幻灯片母版相同，如果需要使某张幻灯片的格式与其他幻灯片的格式不同，可以通过更改与幻灯片母版相关联的一张幻灯片版式，这种修改不会影响其他幻灯片或母版。

**2. 讲义母版**

用于控制幻灯片以讲义形式打印的格式，如增加页码、页眉和页脚等，可利用"讲义母版"选项控制在每页纸中打印几张幻灯片，如在每一页设置打印 1、2、3、4、6、9张幻灯片。

**3. 备注母版**

PowerPoint 2016 为每张幻灯片设置了一个备注页，供用户添加备注。备注母版用于控制注释的显示内容和格式，使多数注释有统一的外观。

### 4.4.2 幻灯片背景设置

为了使幻灯片更美观，可适当改变幻灯片的背景颜色。更改幻灯片背景颜色的方法步骤如下。

（1）选定要更改背景颜色的幻灯片。

（2）选择"设计"选项卡，单击"变体"选项组中的一种背景样式，便可应用于当前演示文稿中的所有幻灯片。

（3）如果要将背景样式只应用于当前幻灯片，或做进一步的背景样式设置，则需单击"自定义"选项组中的"设置背景格式"选项，打开"设置背景格式"对话框，如图 1-4-4 所示。在"设置背景格式"对话框中，可对背景样式进行纯色填充、图案填充等比较复杂的设置。

单击"关闭"按钮，将设置应用于当前幻灯片。若单击"应用到全部"按钮，可将设置的背景样式应用于当前演示文稿中的全部幻灯片。单击"隐藏背景图形"按钮，不显示所有幻灯片背景图形。

图 1-4-4 "设置背景格式"对话框

### 4.4.3 幻灯片主题设置

在"设计"选项卡"主题"选项组中，列出了一系列的主题。单击所需要的主题，将其应用到当前演示文稿中。也可以将主题仅应用到某一张或几张幻灯片中，通过变换不同的主题来使幻灯片的版式和背景发生显著的变化，操作方法如下。

（1）选定要更改主题的幻灯片。

（2）在"设计"选项卡"主题"选项组中，右击所需要的主题，弹出快捷菜单，选择"应用于选定幻灯片"命令。

如果对应用主题的局部效果不满意，用户还可对主题的"效果""颜色""字体"进行更改。

1）主题效果

应用主题效果的方法如下。

（1）选定需要更改主题效果的幻灯片。

（2）在"设计"选项卡"变体"选项组中，单击"效果"按钮，在弹出的下拉列表中，选择所需要的主题效果即可。

2）主题颜色

主题颜色对演示文稿的更改效果最为显著（除主题更改之外），设置方法如下。

（1）单击"变体"选项组中的"颜色"按钮，弹出主题"颜色"下拉列表。

（2）单击某一颜色组，即可更改某一主题下的颜色。

（3）如果对内置的颜色组不满意，用户也可选择"颜色"下拉列表中的"自定义颜色"选项，打开"新建主题颜色"对话框，如图1-4-5所示。

图1-4-5 "新建主题颜色"对话框

（4）主题颜色包含12种颜色槽。前4种水平颜色用于文本和背景。用浅色创建的文本总是在深色中清晰可见；对应的是，用深色创建的文本总是在浅色中清晰可见。后面的6种颜色为强调文字颜色。最后两种颜色为超链接和已访问的超链接保留。

（5）单击需要更改的颜色按钮，弹出"主题颜色"列表框，单击选定颜色以进行更改。

3）主题字体

更改主题字体对演示文稿中的所有标题和项目符号文本进行更新，设置方法如下。

（1）单击"变体"选项组中的"字体"按钮，弹出主题"字体"下拉列表。

（2）单击某一字体组，即可更改某一主题下的字体。

（3）如果对内置的字体组不满意，用户也可选择"字体"下拉列表中的"自定义字体"选项，打开"新建主题字体"对话框，如图1-4-6所示。在此对话框中，可对主题字体重新设置。

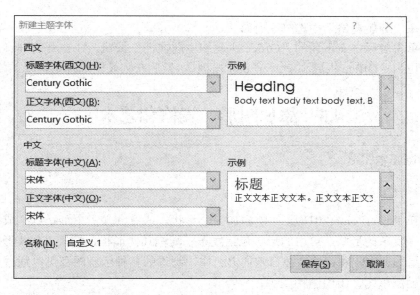

图 1-4-6　"新建主题字体"对话框

### 4.4.4　应用设计模板

将模板应用于演示文稿的方法如下。

（1）打开已存在的演示文稿。

（2）在"设计"选项卡"主题"选项组中，单击右侧下拉列表按钮，在弹出的列表框中，选择"浏览主题"选项，打开如图 1-4-7 所示的"选择主题或主题文档"对话框。

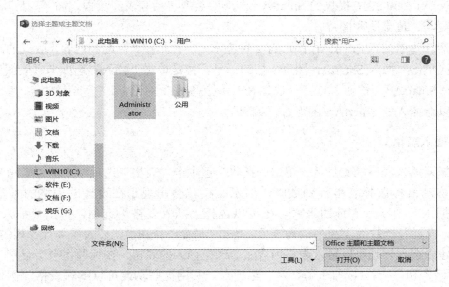

图 1-4-7　"选择主题或主题文档"对话框

（3）在"导航窗格"中选择主题路径。

（4）单击对话框右下角的"Office 主题和主题文档"按钮，在打开的列表框中，选择文件类型为"Office 主题和 PowerPoint 模板"，最后在列表区选择所需要的模板。

# 4.5　添加图形、表格和艺术字

## 4.5.1　绘制基本图形

### 1. 形状

可以在 PowerPoint 2016 文件中添加一个形状，或者合并多个形状以生成一个绘图或一个更为复杂的形状。可用的形状包括线条、基本几何形状、箭头、公式形状、流程图形状、星形、旗帜和标注。在日常的办公中，制作的各种示意图都可以通过形状来绘制完成，如流程图、组织结构图等。

插入形状有 2 种途径：一种是单击"插入"选项卡"插图"选项组中的"形状"选项，另一种是单击"开始"选项卡"绘图"选项组中"形状"列表右下角的"其他"按钮。

### 2. SmartArt 图形

SmartArt 图形是一种智能化的矢量图形，是已经组合好的文本框、形状和线条。SmartArt 图形能清楚地表明各种事物之间的关系，因此在演示文稿中 SmartArt 图形使用较多。PowerPoint 2016 提供的 SmartArt 图形的类型包括列表、流程、循环、层次结构、关系、矩阵、棱锥图和图片。

在幻灯片中插入 SmartArt 图形有 2 种方法：一种是在"标题和内容"版式的幻灯片的内容区单击"插入 SmartArt 图形"按钮；另一种是单击"插入"选项卡"插图"选项组中的"SmartArt"按钮，打开"选择 SmartArt 图形"对话框。

可以对插入的 SmartArt 图形进行编辑。

## 4.5.2　插入表格

选择要插入表格的幻灯片，单击"插入"选项卡"表格"选项组中的"表格"下拉按钮，拖动鼠标选择表格行列数时，演示文稿就会出现正在设计的表格的雏形，这里选择插入一个 4 行 5 列的表格。还可以选择"插入表格"选项，弹出"插入表格"对话框，设置好行数为 4 和列数为 5 后，单击"确定"按钮，就插入了 4 行 5 列的表格。

创建表格后，就可以输入表格内容了。选定插入的表格，在标题栏上会显示"表格工具|设计"和"表格工具|布局"两个选项卡，利用这些功能可以编辑表格。例如，调整表格的大小、设置行高和列宽、插入和删除行（列）、合并和拆分单元格等。与 Word 2016 中表格操作很相似，此处就不再赘述了。

### 4.5.3　插入艺术字

插入艺术字的操作步骤如下。

（1）打开 PowerPoint 2016，单击"插入"选项卡"文本"选项组中的"艺术字"下拉按钮。

（2）在弹出的列表框中选择需要的样式，接着弹出艺术字编辑文本框。

（3）在艺术字编辑文本框中输入要添加的艺术字。

（4）选定插入的艺术字，选择"绘图工具|格式"选项卡，在"艺术字样式"选项组中单击"文本填充"下拉按钮，然后根据需要选择填充颜色。

（5）接着在"艺术字样式"选项组中单击"文本轮廓"下拉按钮，然后根据需要选择轮廓颜色。

（6）在"艺术字样式"选项组中单击"文本效果"下拉按钮，根据需要可设置文本的效果。

（7）如果对上面的效果不太满意，单击"艺术字样式"选项组右下角的对话框启动器按钮，打开"设置形状格式"对话框，可以根据需要进行各项参数的设置。

## 4.6　添加多媒体对象

合理添加图片不仅可以为演示文稿添色，还可以起到辅助文字说明的作用。插入图片主要有两类：一类是剪贴画，在 Office 套装软件中自带各类剪贴画；另一类是以文件形式存在的图片，用户可以在平时收集的图片文件中选择使用。

插入图片有 2 种方法：一种是单击幻灯片内容区占位符中的"图片"按钮；另一种是通过"插入"选项卡"图像"选项组进行插入。下面分别来介绍这 2 种方法。

（1）在幻灯片内容区占位符中插入图片。其操作步骤如下。

在"标题和内容"版式的幻灯片中，单击内容区"图片"图标，打开"插入图片"对话框，选择好图片并单击"插入"按钮即可。

（2）通过"插入"选项卡"图像"选项组进行插入。其操作步骤如下。

单击"插入"选项卡"图像"选项组中的"图片"按钮，打开"插入图片"对话框，选择好图片并单击"插入"按钮。

## 4.7　幻灯片放映设计

### 4.7.1　为幻灯片中的对象设置动画效果

可以利用"动画"选项来定义幻灯片中各对象显示的顺序，方法有如下 2 种。

1）利用"动画"选项卡"动画"列表框设计动画

（1）在某幻灯片中，选择要设置动画的对象。

（2）打开"动画"选项卡，如图1-4-8所示。

图1-4-8　"动画"选项卡

（3）在"动画"选项组中，单击动画列表框中的一种动画方案（默认为进入效果）。如果要应用其他动画效果，可单击动画列表框右侧的"其他"按钮，弹出动画列表框。

这种添加动画的方法只能是单一的，即只能使用一种动画。如果要对同一对象应用多种动画，则需要单击"高级动画"选项组中的"添加动画"下拉按钮，在弹出的下拉列表中可以为同一对象添加多种动画方案。若需要某类型的更多效果，可选择"更多进入效果"选项，在打开的"添加进入效果"对话框中选取某种效果。

（4）单击"效果选项"下拉按钮，在弹出的下拉列表中选择一种效果选项。

（5）利用"计时"选项组中的相关选项可以调整各动画对象的显示顺序，以及触发动画的动作、动画的持续时间和延迟时间等。

2）利用"高级动画"选项组中的有关选项设置动画

（1）在某幻灯片中，选择要设置动画的对象。

（2）单击"高级动画"选项组中的"添加动画"下拉按钮，在弹出的下拉列表中选择一种效果。

（3）重复过程（2）可以为同一对象设置多种叠加效果。

（4）单击"效果选项"下拉按钮，在弹出的下拉列表中选择一种效果为动画设置。

（5）利用"计时"选项组中的相关选项可以调整各动画对象的显示顺序，以及触发动画的动作、动画的持续时间和延迟时间等。

使用"动画刷"按钮可以为其他动画对象设置一个相同的动作。

### 4.7.2　幻灯片的切换效果设计

幻灯片的切换效果一般是在"幻灯片浏览"窗口中进行设置，操作步骤如下。

（1）选择要设置切换效果的连续或不连续的多张幻灯片。

（2）选择"切换"选项卡，如图1-4-9所示。

图1-4-9　"切换"选项卡

（3）在"切换到此幻灯片"选项组中，选择幻灯片切换效果。若要查看更多的切换效果，可单击选项组右侧的"其他"按钮。

### 4.7.3　演示文稿中的超链接

#### 1. 创建超链接

创建超链接的方法有 2 种：一是使用创建"超链接"选项；二是使用"动作"选项或"动作按钮"形状。

1）使用创建"超链接"选项

在幻灯片视图中选择代表超链接起点的文本、图片或图表等对象，使用下面 3 种方法建立超链接。

（1）选择"插入"选项卡，单击"链接"选项组中的"链接"按钮。

（2）右击，在弹出的快捷菜单中执行"超链接"命令。

（3）按【Ctrl+K】组合键。

以上 3 种方法，均可打开如图 1-4-10 所示的"插入超链接"对话框。

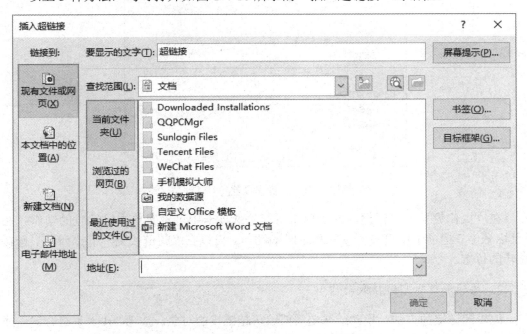

图 1-4-10　"插入超链接"对话框

单击"链接到"框中的"现有文件或网页"按钮后，在"查找范围"栏可以选择一个子范围。用户可在文件列表框中选择或直接在"地址"文本框中输入要链接文件的名称；在"要显示的文字"文本框中输入显示的文字；单击"屏幕提示"按钮，可输入在超链接处显示的文本。最后单击"确定"按钮，超链接设置完毕。

2）使用"动作"命令或"动作按钮"形状

使用"动作"命令或"动作按钮"形状建立超链接有以下 2 种方法。

（1）使用"动作"按钮。选择"插入"选项卡，单击"链接"选项组中的"动作"

按钮。

（2）使用"动作按钮"形状。选择"插入"选项卡，单击"插图"选项组中的"形状"下拉按钮，在弹出的下拉列表的"动作按钮"栏中选择所需要的按钮形状，鼠标指针变为"十"形。在幻灯片中按住鼠标左键不放，拖动鼠标画出一个形状。

以上2种方法均可打开如图 1-4-11 所示的"操作设置"对话框。

图 1-4-11　"操作设置"对话框

在"操作设置"对话框中的"单击鼠标"选项卡中可设置单击鼠标时的动作；在"鼠标悬停"选项卡中可设置鼠标移过时的动作。可以在"超链接到"下拉列表中选择跳转的位置。

2. 编辑和删除超链接或动作

编辑超链接的方法：指向或选定需要编辑超链接的对象，按【Ctrl+K】组合键；或右击，在快捷菜单中选择"超链接"命令，打开"插入超链接"对话框，改变超链接的位置或内容即可。

若删除超链接，则可以右击，在弹出的快捷菜单中选择"删除链接"命令。

### 4.7.4　幻灯片的放映方式设计

选择"幻灯片放映"选项卡，单击"设置"选项组中的"设置幻灯片放映"按钮（或在按下【Shift】键的同时，单击右下角的"幻灯片放映"按钮 ），打开"设置放映方式"对话框，如图 1-4-12 所示。

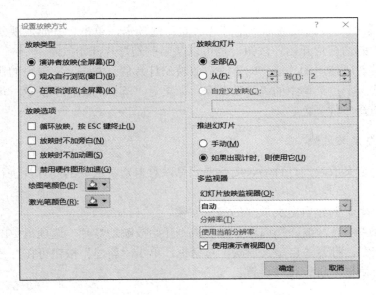

图 1-4-12　"设置放映方式"对话框

在"放映类型"选项组中有 3 个单选按钮，它决定了放映的方式。

（1）演讲者放映（全屏幕）：以全屏幕形式显示，在幻灯片放映时，可单击鼠标左键，按【N】键、【Enter】键、【PageDown】键、【→】键或【↓】键顺序播放；要回到上一个画面可按【P】键、【PageUp】键、【←】键或【↑】键。也可在放映时右击或按【F1】键。

按【Ctrl+P】组合键和【Ctrl+A】组合键可显示或隐藏绘图笔，供用户用绘图笔进行涂画；按【E】键可清除屏幕上的绘图。

（2）观众自行浏览（窗口）：以窗口形式显示，用户可以利用滚动条或"浏览"菜单显示所需的幻灯片。

（3）在展台浏览（全屏）：以全屏形式在展台上做演示用。在放映前，一般先利用"幻灯片放映"选项卡"设置"选项组中的"排练计时"选项，将每张幻灯片放映的时间规定好。在放映过程中，除了保留鼠标指针用于选择屏幕对象外，其余功能全部失效（中止也要按【Esc】键）。

### 4.7.5　交互式放映文稿

1. 幻灯片的放映

幻灯片放映的方法有以下几种。

（1）按下【F5】功能键，演示文稿总是从第 1 张幻灯片开始播放。

（2）选择"幻灯片放映"选项卡，单击"开始放映幻灯片"选项组中的"从头开始"按钮，演示文稿从第 1 张幻灯片开始播放。此方法和按下【F5】功能键的放映方式相同。

（3）单击幻灯片编辑窗口右下角的"幻灯片放映"按钮 ，从当前幻灯片播放。

按【Shift+F5】组合键，或选择"幻灯片放映"选项卡，单击"开始放映幻灯片"选项组中的"从当前幻灯片开始"按钮，也可以从当前幻灯片开始放映。

打开演讲者所使用的"笔"的方法：放映幻灯片后，右击，在弹出的快捷菜单中执行"指针选项"下拉菜单中的"笔"命令。如果对"笔"的颜色不满意，可在"墨迹颜色"选项中选择一种颜色。

2. 放映自定义放映

创建好自定义放映幻灯片后，接下来就可以对自定义放映的幻灯片进行放映了，其方法如下。

（1）打开用于创建自定义放映的演示文稿。

（2）选择"幻灯片放映"选项卡，单击"开始放映幻灯片"选项组中的"自定义幻灯片放映"按钮。打开"自定义放映"对话框，单击"新建"按钮可在打开的"定义自定义放映"对话框中进行相关设置。

# 第 2 部分

# 实 验 指 导

    本部分为实验指导,与第 1 部分实验准备知识相对应,是根据教学目标而设计的。为了帮助学生熟悉和掌握各章节知识点的实践方法,每个实验都给出了详细的操作步骤及实验结果,有助于提高学生的实际操作能力,更好地掌握计算机的基本应用,以及 Office 系列办公软件和一些常用基本软件的应用。

# 实验 1　计算机基本操作

**【实验目的】**

（1）掌握 Windows 10 开启的正确方法和启动模式，以及鼠标的功能。

（2）了解 Windows 10 的几种关闭方法，以及 Windows 10 任务管理器。

**【实验任务要求】**

（1）Windows 10 正常启动的操作。

（2）注销并以其他用户名登录，关闭计算机或重新启动 Windows 10。

（3）鼠标的基本操作练习。

（4）使用"Windows 任务管理器"查看已打开的程序，利用进程关闭程序。

**【实验操作步骤】**

1. Windows 10 正常启动的操作

（1）打开计算机电源。依次接通外围设备的电源开关和主机电源开关；计算机执行硬件测试，通过测试后开始系统引导。

（2）Windows 10 开始启动。若在安装 Windows 10 过程中设置了多个用户使用同一台计算机，启动过程将出现如图 2-1-1 所示界面。选择指定用户登录后，完成启动。

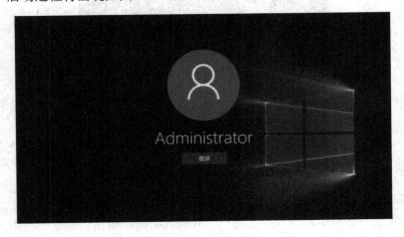

图 2-1-1　Windows 10 登录对话框

（3）系统启动完成后，显示 Windows 10 操作系统的初始界面，即 Windows 10 桌面，如图 2-1-2 所示。

图 2-1-2　Windows 10 操作系统的初始界面

**2. 注销并以其他用户名登录，关闭计算机或重新启动 Windows 10**

（1）单击 Windows 10 桌面左下角的"开始"按钮，弹出"开始"菜单。

（2）在"开始"菜单中单击"注销"按钮，如图 2-1-3 所示。

图 2-1-3　Windows 10 的"注销"按钮

（3）随后系统注销了当前用户，并出现登录对话框，如图 2-1-1 所示。

（4）在登录对话框中单击选择某用户，并输入密码，单击"确定"按钮。

（5）Windows 10 以新的用户名登录并进入桌面状态。

（6）要关闭计算机或重新启动 Windows 10，用户可在"开始"菜单中单击"关机"按钮或"重新启动"按钮。

3. 鼠标的基本操作练习

（1）单击"回收站"图标后，按住鼠标左键，将"回收站"图标移动到桌面上其他位置。

（2）用鼠标双击或右击打开"回收站"窗口。

（3）用鼠标的右键拖动"回收站"图标到桌面某一位置，松开鼠标后，在弹出的快捷菜单中选择某一选项进行操作。

（4）将鼠标指向任务栏右边的系统通知区中的当前时间图标，单击打开调整日期和时间的窗口，用户可在此窗口中调整系统时间与日期。

（5）在 Windows 10 桌面上，双击 Internet Explorer 图标打开 Internet Explorer 浏览器。

（6）在"开始"菜单中打开"计算器"或"记事本"程序。

4. 使用"Windows 任务管理器"查看已打开的程序，利用进程关闭程序

"Windows 任务管理器"为用户提供了有关计算机性能的信息，并显示了计算机上所运行的程序和进程的详细信息；如果连接到网络，还可以查看网络状态并迅速了解网络是如何工作的。

"Windows 任务管理器"的用户界面提供了文件、选项、查看三大菜单项。界面中还有进程、性能、应用历史记录、启动、用户、详细信息、服务等 7 个选项卡。窗口底部是状态栏，从这里可以查看当前系统的 CPU 使用比率、更改的内存容量等数据。

为做本实验，请先打开几个程序。

右击任务栏的空白处，在弹出的快捷菜单中选择"任务管理器"命令（也可按【Ctrl+Shift+Esc】组合键），打开"任务管理器"对话框。

（1）"进程"选项卡。用于显示系统中运行的所有进程。右击某一列的列名，在弹出的快捷菜单中可开关显示或隐藏指定的列信息。"进程"选项卡如图 2-1-4 所示。

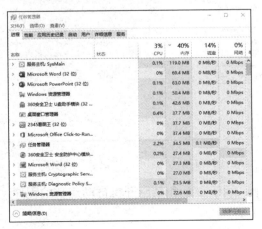

图 2-1-4 "进程"选项卡

（2）"性能"选项卡。用于显示当前系统中 CPU、内存及磁盘等的使用率，如图 2-1-5 所示。

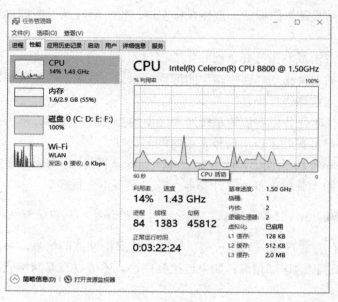

图 2-1-5  "性能"选项卡

（3）"应用历史记录"选项卡。用于显示用户曾经使用过的软件占用的系统资源情况，如图 2-1-6 所示。

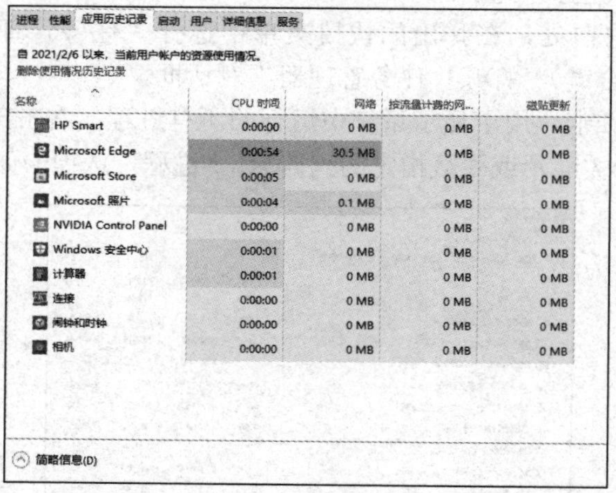

图 2-1-6  "应用历史记录"选项卡

（4）"启动"选项卡。用于显示和禁用开机自动运行的程序，如图 2-1-7 所示。

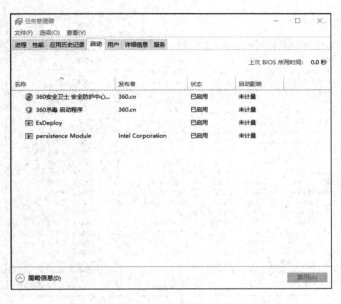

图 2-1-7  "启动"选项卡

（5）"用户"选项卡。用于显示当前连接到本系统的用户状态，及断开与指定用户的连接，如图 2-1-8 所示。

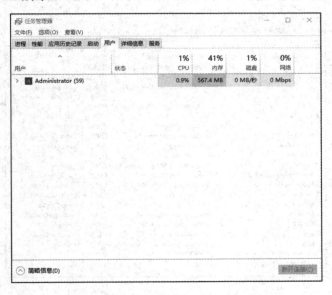

图 2-1-8  "用户"选项卡

（6）"详细信息"选项卡。用于显示系统运行进程的详细信息，如图 2-1-9 所示。

图 2-1-9　"详细信息"选项卡

（7）"服务"选项卡。用于显示和设置系统提供的各项服务，如图 2-1-10 所示。

图 2-1-10　"服务"选项卡

# 实验 2　键盘操作与指法练习

## 【实验目的】

（1）掌握一个中英文打字练习软件的使用方法。

（2）掌握汉字输入法的选用。

（3）了解记事本和写字板程序的启动、文件保存和退出的方法。

## 【实验任务要求】

（1）金山打字通中英文键盘练习软件的使用。

（2）记事本（notepad）的使用。

（3）使用写字板（wordpad）录入汉字短文，并以文件名 zw.doc 存盘。

## 【实验操作步骤】

### 1. 金山打字通软件的使用

金山打字通软件的主要功能如下。

① 支持打对与打错分音效提示。

② 提供友好的测试结果展示，并实时显示打字时间、速度、进度、正确率。

③ 支持从头开始练习，支持打字过程中暂停打字。

④ 英文打字提供常用单词、短语练习，打字时提供单词解释提示。

⑤ 科学打字教学，先讲解知识点，再练习，最后过关测试。

⑥ 可针对英文、拼音、五笔分别测试，过关测试中可以查看攻略。

⑦ 提供经典打字游戏，轻松快速提高打字水平。

金山打字通软件的操作方法如下。

（1）启动金山打字通软件。双击金山打字通软件图标，启动金山打字通软件。启动后，用户登录界面如图 2-2-1 所示。

对首次使用金山打字通软件的用户，单击"新手入门"、"英文打字"、"拼音打字"和"五笔打字"任何一个功能按钮，系统均弹出选择或添加某一用户，单击"确定"按钮，进入"登录"对话框之第一步——创建昵称界面，如图 2-2-2 所示。

在图 2-2-2 中，用户可创建或选择一个昵称，单击"下一步"按钮，出现如图 2-2-3 所示的"登录"对话框之第二步——绑定 QQ 对话框。

图 2-2-1　金山打字通的启动窗口

图 2-2-2　"登录"对话框之第一步——创建昵称

图 2-2-3　"登录"对话框之第二步——绑定 QQ

　　在图 2-2-3 中，用户可绑定或不绑定 QQ。如果绑定 QQ，用户可拥有保存打字记录、漫游打字成绩和查看全球排名等功能。

　　单击"绑定"按钮，出现如图 2-2-4 所示 QQ 登录界面，用 QQ 扫描图中二维码，即可将本次打字和 QQ 绑定。如果不绑定 QQ，则直接单击图 2-2-3 所示对话框右上角的"关闭"按钮即可。

图 2-2-4　"QQ 登录"界面

（2）注销昵称和退出金山打字通软件。

① 注销昵称。用户在练习时，可随时注销当前昵称，其方法是：单击金山打字通界面右上角的"昵称"按钮，在弹出的列表中单击"注销"按钮，如图 2-2-5 所示。

图 2-2-5　注销昵称

② 退出金山打字通软件。用户在练习打字时，可单击右上角的"关闭"按钮或按通用的窗口退出组合键【Alt+F4】可随时结束程序的使用。

（3）英文键盘练习。英文键盘练习分为"新手入门"和"英文打字"两部分。

① 图 2-2-6 所示为"新手入门"功能界面。在"新手入门"训练中，用户可分别就"字母键位""数字键位""符号键位"部分进行练习，此外用户还可学习"打字常识"和"键位纠错"两部分的知识。

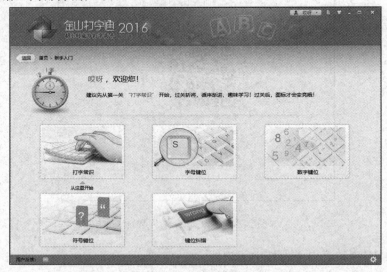

图 2-2-6　"新手入门"功能界面

用户只需要在"新手入门"功能界面中单击相应的功能按钮，就可进入相应的界面进行学习或练习。

② 图 2-2-7 所示为"英文打字"功能界面，用户可分别就"单词练习""语句练习""文章练习"部分进行练习。

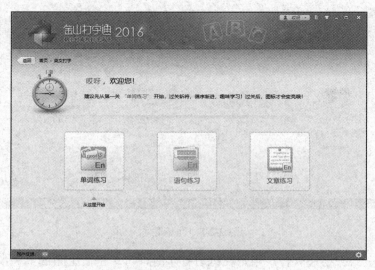

图 2-2-7　"英文打字"功能界面

在"英文打字"功能界面中单击相应的功能按钮，就可进入相应的界面进行练习。

（4）利用金山打字通软件，用户还可进行"拼音打字"和"五笔打字"的练习。此外，金山打字通软件提供了趣味丰富的打字游戏。

（5）金山打字通软件中文输入法的选用和输入法的切换方式如下。

① 打开、关闭和选用中文输入法。

在 Windows 界面下按【Ctrl+Space（空格）】键，即可启动中文输入法。再按一次【Ctrl+Space（空格）】键则关闭中文输入法。

也可用鼠标单击任务栏上的输入法指示器，从列出的输入法菜单中选择输入法。

② 输入法的切换。连续按【Ctrl+Shift】组合键，即可不断地切换到其他输入法，一直到用户所需输入法为止。

2. 记事本的使用

Windows 系统中的记事本是一个常用的文本编辑器，它使用方便、操作简单，在很多场合下尤其是在编辑源（如 ASP 源程序）代码时有其独特的作用。"记事本"打开及使用的方法如下。

（1）选择"开始"→"Windows 附件"→"记事本"选项，打开"记事本"窗口。

（2）将下列英文短文录入记事本中。

However mean your life is, meet it and live it; Do not shun it and call it hard names. It is not as bad as you suppose. It looks poorest when you are richest. The faultfinder will find faults in paradise. Love your life, poor as it is. You may perhaps have some pleasant,thrilling, glorious hours, even in a poorhouse. The setting sun is reflected from the windows of the alms-houses brightly as from the rich man's abode.

（3）文本输入完成后，选择"格式"选项卡中的"字体"选项，打开"字体"对话框，如图 2-2-8 所示。

（4）选择字体为 Cambria，大小为 20，观察记事本窗口中文字的变化。

（5）选择"文件"选项卡中的"保存"选项，打开"另存为"对话框，选择一个目录（文件夹）作为该文件保存的位置，然后在"文件名"文本框处输入 ywzy，单击"保存"按钮，则输入的内容就保存在文件 ywzy.txt 中。

（6）选择"文件"选项中的"退出"选项，关闭记事本。

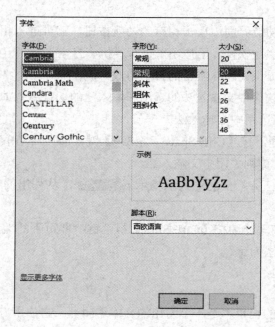

图 2-2-8 "字体"对话框

3. 使用写字板录入中文短文，并以文件名 zwzy.doc 存盘

（1）单击"开始"→"运行"命令，打开"运行"对话框，然后在"打开"文本框处输入"Wordpad.exe"，单击"确定"按钮，打开如图 2-2-9 所示的"写字板"程序窗口。

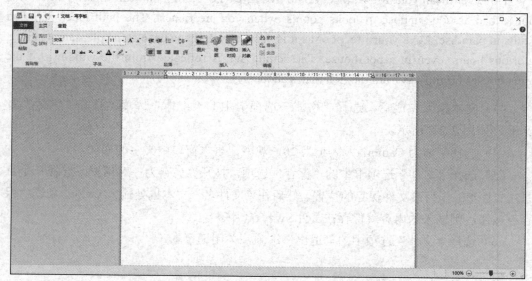

图 2-2-9 "写字板"窗口

（2）在写字板里输入下面的短文。

不论你的生活有多么不堪，请好好地面对它；不要躲避它，也不要对它恶语相向。它没有你想的那么糟糕，有时最富有的时候，生活往往最贫瘠。要知道，眼里尽是缺点的人，即使在天堂也会挑三拣四。热爱你的生活吧，自得其乐地去享受它。你可以有一段愉悦的高兴的美好时光，即使是在救济院里。你可以看到反射在窗上的温暖阳光，和富人家的阳光一样耀眼。

（3）短文输入完毕后，按下【Ctrl+S】组合键，打开"另存为"对话框，在"文件名"文本框中输入要保存文档的文件名"zwzy.doc"，单击"保存"按钮，程序将该短文以 Word 文档格式存盘。

# 实验 3　常用软件的操作

【实验目的】

（1）掌握 360 安全卫士软件的使用方法。

（2）掌握使用迅雷软件下载网络资源的方法。

（3）掌握常用格式电子文档的阅读。

（4）掌握使用 WinRAR 对文件进行压缩与解压缩操作。

（5）掌握 GHOST 工具的使用。

【实验任务要求】

（1）360 安全卫士软件的使用、升级和木马查杀。

（2）使用迅雷下载网络资源并进行有关配置设置。

（3）使用 Adobe Reader 9.0 阅读 PDF 等格式的电子文档。

（4）使用 CAJViewer 7.1 阅读 CAJ 等格式的电子文档。

（5）使用 WinRAR 压缩、解压缩文件及制作简单的安装程序。

（6）一键 GHOST 的安装、主界面及系统备份、系统还原。

【实验操作步骤】

1. 360 安全卫士软件的使用、升级和木马查杀

1）360 安全卫士软件的使用

初装完毕后，360 安全卫士主界面如图 2-3-1 所示。如果要对电脑进行体检，则单击"立即体检"按钮即可。

以手动的方式对电脑进行体检及处理比较麻烦，为此，可以通过改变体检参数，实现自动体检。单击打开 360 安全卫士的主菜单，如图 2-3-2 所示，选择"设置"选项，再选择"基本设置"选项，如图 2-3-3 所示。

2）360 安全卫士软件的升级

（1）升级方式步骤如下。

① 打开主菜单，选择"基本设置"选项，如图 2-3-3 所示。

② 单击"升级设置"按钮，如图 2-3-4 所示。

③ 选择好参数后，单击"确定"按钮。

图 2-3-1　360 安全卫士体检界面

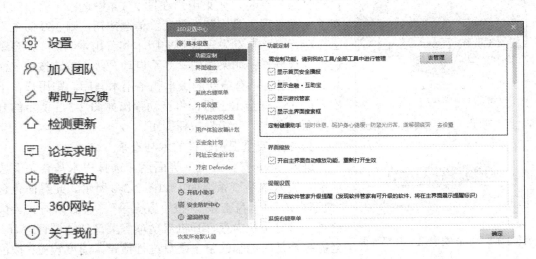

图 2-3-2　360 安全卫士主菜单　　　　　　　　图 2-3-3　"基本设置"窗口

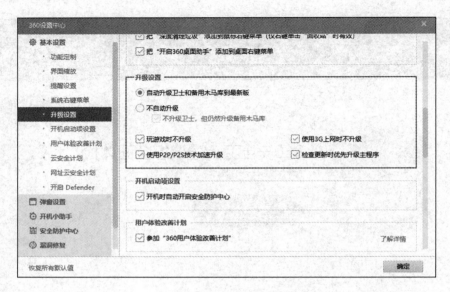

图 2-3-4  "升级设置"窗口

（2）升级参数：

升级 360 安全卫士的参数包括"自动升级"和"不自动升级"两种。如果用户在图 2-3-4 中选中了"自动升级卫士和备用木马库到最新版"单选按钮，则 360 安全卫士在运行时将自动发现最新的版本和备用木马库，并自动进行升级操作；如果选中了"不自动升级"单选按钮，而 360 安全卫士已有最新的版本和备用木马库，则用户在下次开启 360 安全卫士后，将自动弹出如图 2-3-5 所示的升级界面，单击"升级"按钮即可。

3）360 安全卫士软件的木马查杀

进入 360 安全卫士主界面后，选择"木马查杀"选项卡，进入木马查杀界面，如图 2-3-6 所示。此界面包含"快速查杀""全盘查杀""按位置查杀"3 种查杀方式。快速查杀只对系统内存、开机启动项等关键位置进行检查；全盘查杀是对电脑的整个硬盘进行检查，速度较慢；按位置查杀只对选择的位置进行检查。此界面右侧还有"恢复区""信任区""上报区""查杀引擎"4 个按钮。

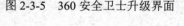

图 2-3-5  360 安全卫士升级界面

（1）恢复区：360 安全卫士对文件和系统设置进行相应处理时，都对处理项做了安全的备份，此备份存在恢复区中。单击"恢复区"按钮，出现如图 2-3-7 所示的"可恢复区"窗口。

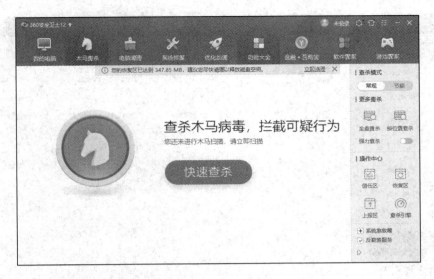

图 2-3-6　木马查杀界面

图 2-3-7　"可恢复区"窗口

（2）信任区：可以将安全的文件添加到信任区，提高木马查杀的效率，同时避免产生误报。单击"信任区"按钮，出现如图 2-3-8 所示的"已信任区"窗口。这个窗口中包含 3 个主要按钮：添加文件按钮、添加目录按钮和移除按钮。

（3）上报区：

① 单击"上报区"按钮，弹出"上报记录"窗口，如图 2-3-9 所示。

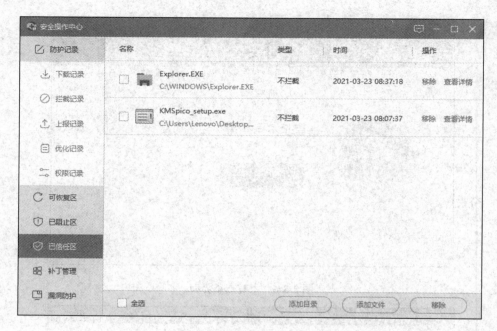

图 2-3-8 "已信任区"窗口

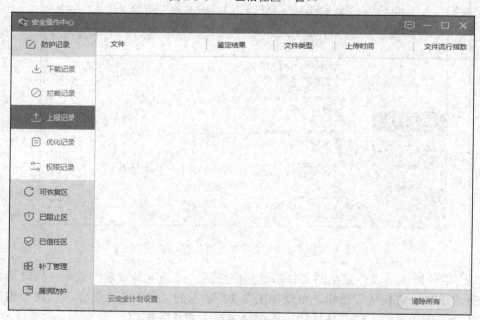

图 2-3-9 "上报记录"窗口

② 单击"云安全计划设置"按钮，在弹出的"360 木马查杀"对话框中，选中"加入'云安全计划'，发现可疑文件后自动上传"复选框，单击"确定"按钮，即可完成可疑文件的自动上报，如图 2-3-10 所示。

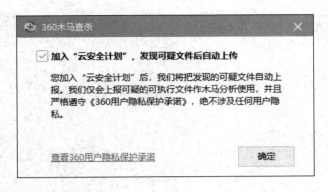

图 2-3-10　"360 木马查杀"对话框

（4）查杀引擎：单击"查杀引擎"按钮，打开"查杀引擎控制"对话框，如图 2-3-11 所示，包括"云查杀引擎"、"启发式引擎"、"QEX 脚本查杀引擎"和"QVM Ⅱ 人工智能引擎"。

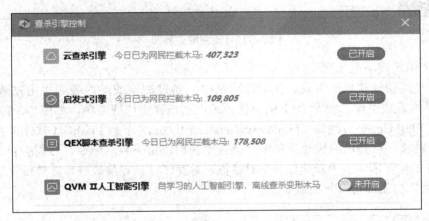

图 2-3-11　"查杀引擎控制"对话框

2. 迅雷的下载安装、主界面、网络资源下载及有关配置

迅雷是一款新型的基于 P2SP（peer to server/peer，点对服务器/点）技术的下载软件，能够将网络上存在的服务器上的资源和个人计算机上的资源进行有效的整合，构成独特的迅雷网络。它同一时刻最多可以设定 10 个下载任务，每个下载任务最多分成 60 个线程同时下载。通过迅雷网络，各种数据文件能够以最快的速度进行传递。同时，它还具有互联网下载负载均衡功能，在不降低用户体验的前提下，迅雷网络可以对服务器资源进行均衡，有效减小了服务器的负担。

1）下载安装迅雷

用户可以到迅雷官方网站（http://www.xunlei.com）下载最新版本。下载完毕后，执行迅雷安装程序，按照安装向导的提示一步一步进行安装。安装完毕后运行程序，其主界面如图 2-3-12 所示。

图 2-3-12　迅雷的主界面

2）使用迅雷下载资源

（1）使用快捷菜单法下载。在下载网站中，通过浏览或站内搜索等方法找到需要下载资源的下载页面，然后在下载链接地址上右击弹出快捷菜单，如图 2-3-13 所示。例如，从 FlashGet 官方网站（http://www.amazesoft.com）下载 FlashGet 软件，右击网页中的下载链接。在弹出的快捷菜单中，执行"使用迅雷下载"命令，迅雷会自动运行，出现如图 2-3-14 所示的"新建任务"对话框，对存储目录等参数进行必要设置后，单击"立即下载"按钮即可开始下载。

图 2-3-13　迅雷的快捷菜单　　　　　　　　图 2-3-14　"新建任务"对话框

有关说明：

① 迅雷在下载过程中，其悬浮窗显示当前正在下载任务的进度，在主界面也会显示下载任务的各种状态信息。

② 若要在一个网页中同时下载多个文件，则可以右击该网页，在弹出的快捷菜单中执行"使用迅雷下载全部链接"命令，出现"选择要下载的 URL"对话框后，选择要下载的资源链接，单击"确定"按钮即可。

（2）使用鼠标拖放法下载。在启动迅雷后，可用鼠标将 Web 页面中待下载资源链接直接拖放到迅雷悬浮窗中，同样会出现如图 2-3-14 所示的"新建任务"对话框，对存储目录等参数做必要设置后，单击"确定"按钮即可开始下载。

（3）使用批量法下载。批量下载功能可以方便地创建多个包含共同特征的下载任务。例如，某网站提供了 10 个这样的文件地址：http://www.comsoft.com/CH01.zip、http://www.comsoft.com/CH02.zip、…、http://www.comsoft.com/CH10.zip。这 10 个地址只有数字部分不同，如果用（*）表示不同的部分，这些地址可以写成：http://www.comsoft.com/CH（*）.zip。通配符长度指的是这些地址不同部分数字的长度，例如，CH01.zip～CH10.zip 的通配符长度就是 2，CH001.zip～CH010.zip 的通配符长度就是 3。

如图 2-3-15 所示是从《软件学报》网站（http://www.jos.org.cn）下载 2006 年第 17 卷中的第 1000 页到 1999 页的有关 PDF 文件。一个批任务最多不能超过 999 个新任务。

图 2-3-15　"批量任务"对话框

（4）使用迅雷搜索下载。在如图 2-3-12 所示的迅雷主界面中的搜索文本框中输入"KV2006"，单击搜索按钮，将打开迅雷的资源搜索页面，与"KV2006"关键字相关的一些资源会被找到，单击某链接就可用迅雷下载。

3）迅雷的任务管理

（1）任务分类说明。迅雷主界面的左侧是任务管理窗口，如图 2-3-12 所示，其结构是一个目录树，分为"下载""云盘""发现""消息"等，用鼠标左键单击一个分类就会看到这个分类里的任务。

（2）更改默认的文件存放目录。迅雷安装完成后，会自动在 D 盘上建立一个"迅雷下载"目录，用来存放下载的文件。如果用户希望迅雷把下载的文件默认存放到其他路径，如"D:\我的下载"，那么选择"主菜单"→"设置中心"→"云盘设置"选项，在"下载到本地"一栏中输入或选择下载后默认保存的路径即可。

（3）其他设置。用户选择"主菜单"→"设置中心"选项，可进行基本设置、云盘设置、接管设置、下载设置、任务管理、提醒、悬浮窗、高级设置等设置。

3. 使用 Adobe Reader XI阅读 PDF 等格式的电子文档

1）Adobe Reader XI的下载安装

PDF 文件格式是电子发行文档事实上的标准，是当前应用范围最广的一种开放式的电子图书文件格式规范。PDF 文件图像质量高、文件小、阅读速度快，受到越来越多的网上阅读者的青睐。要阅读 PDF 文件就必须使用 Adobe Reader 阅读工具，Adobe Reader 是由 Adobe 公司开发的免费 PDF 阅读工具，用户可以从 Adobe Reader 的官方网站上下载 Adobe Reader 的最新版。

2）Adobe Reader XI的主界面

启动 Adobe Reader XI后，其主界面如图 2-3-16 所示。

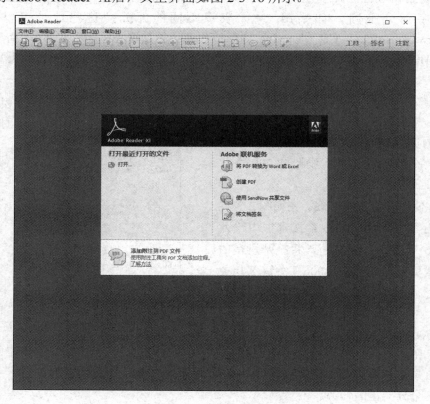

图 2-3-16　Adobe Reader XI的主界面

3）使用 Adobe Reader XI阅读 PDF 文件

可以从电子邮件应用程序、文件系统、网络浏览器中或在 Adobe Reader 中通过"文件"→"打开"选项打开 Adobe PDF 文档。

4）使用 Adobe Reader XI进行文字识别与复制

（1）打开一个 PDF 文件。

（2）选择"工具"→"选择和缩放"→"选择工具"选项，然后用鼠标对文本进行选定。

（3）待选定文本后，选择"编辑"→"复制"选项或按【Ctrl+C】组合键，将选定的内容复制到剪贴板。

（4）在打开的 Word 文档中执行"粘贴"（或【Ctrl+V】组合键）命令即可将 PDF 文件中复制的内容粘贴到 Word 文档中。

4．使用 CAJViewer 7.3 全文浏览器阅读 CAJ 等格式的电子文档

CAJViewer7.3 全文浏览器是中国期刊网的专用全文格式阅读器，使用它可以方便地阅读包括 CAJ、NH、KDH、TEB 和 PDF 等格式的电子文献资料。CAJViewer7.3 全文浏览器具有关键词查询，将文本和图片摘录到 WPS 和 Word 等文本编辑器中，提供简体中文、繁体中文和英文显示方式等功能。它解决了一些老版本中存在的问题，如打印、显示乱码、部分 KDH 文件的浏览等；同时新增多种功能，如页面旋转功能、对开显示及连续对开显示功能、多种页面打印功能、多文件夹搜索功能、Word 文档支持功能、图像高级处理功能等。

从中国知识网（http://www.cnki.net）下载，并按向导提示安装好 CAJViewer 7.3 后，就可以运行并打开有关 CAJ 文件。其主界面如图 2-3-17 所示。

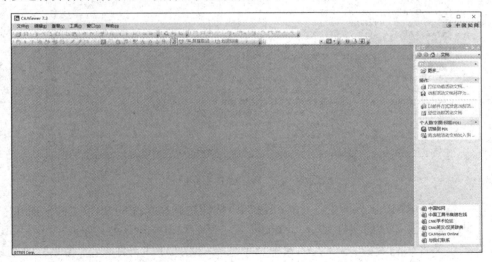

图 2-3-17    CAJViewer 7.3 主界面

1）浏览文档

选择"文件"选项卡中的"打开"选项或直接双击某个 CAJ、PDF、KDH、NH、CAA 或 TEB 文件，便可打开阅读该文件。屏幕正中间最大的一块区域代表主页面，显示的是文档中的实际内容。可通过鼠标、键盘直接控制主页面，也可以通过菜单或者单

击页面窗口/目录窗口来浏览页面的不同区域,还可以通过菜单项或者单击工具条来改变页面布局或者显示比例。

当屏幕光标是手的形状时,直接双击主页面可以使之自动滚屏,当滚动到文档的结尾处或者单击主页面将停止自动滚屏。执行"查看"→"全屏"命令,当前主页面将全屏显示。可以打开多个文件同时浏览,也可以通过菜单或者鼠标操作同时浏览同一文档的不同部分。

2)其他操作

在菜单栏中打开"菜单"选项卡可查看联机帮助手册。

5. 使用 WinRAR 打包压缩,为文件或文件夹创建压缩文件

1)使用传统方式打包

(1)启动 WinRAR,出现如图 2-3-18 所示的 WinRAR 主界面。

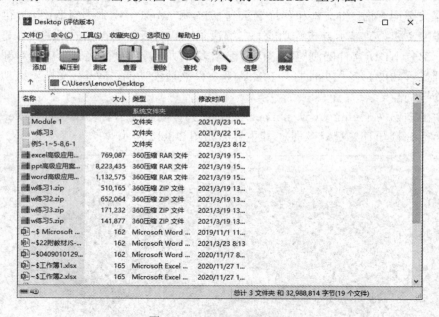

图 2-3-18　WinRAR 主界面

(2)在 WinRAR 主界面中,单击"添加"按钮选择待压缩的文件/文件夹所在的文件夹,此处选择待压缩的文件夹为"Module 1",然后双击打开这个文件夹,可显示其中的文件和子文件夹列表,再在文件列表中选定被压缩的文件和文件夹,如图 2-3-19 所示。

(3)单击"添加"按钮,出现如图 2-3-20 所示的"压缩文件名和参数"对话框,在"压缩文件名"下拉列表中出现默认的压缩文件名(默认名为所选定文件/文件夹的上一级文件夹名称),对其他有关参数进行必要设置后,单击"确定"按钮即可在当前文件夹中创建新的压缩文件。

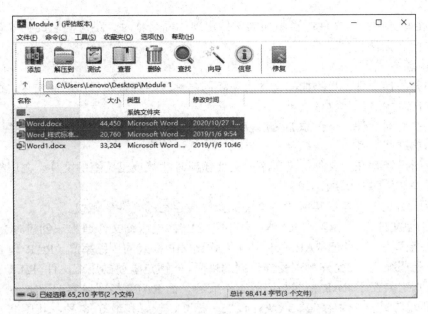

图 2-3-19 选定被压缩的文件和文件夹

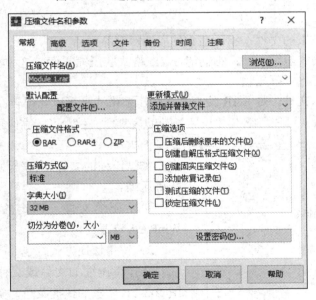

图 2-3-20 "压缩文件名和参数"对话框

"常规"选项卡中有关参数设置说明如下：

① 覆盖前询问：当添加的文件出现相同名称时，将询问用户是否用新添加的文件替换压缩文件中包含的同名文件，选择"是"，则只替换当前文件；选择"否"，则取消替换当前文件；选择"全部选是"，则用所有新添加的文件分别替换压缩文件中的同名文件；选择"全部选否"，则取消所有替换。

② 跳过已存在的文件：当添加的文件出现相同名称时，跳过同名文件的替换，而只添加非同名文件。

③ 更新方式：

添加并替换文件：当添加的文件出现相同名称时始终替换已压缩的文件，在压缩文件中不存在时始终添加这些文件。

添加并更新文件：仅在添加文件较新时才替换已压缩的文件，在压缩文件中不存在时总是添加这些文件。

仅更新已经存在的文件：仅在添加文件较新时才替换已压缩的文件，在压缩文件中不存在这些文件时不添加这些文件。

同步压缩文件内容：其用法与"仅更新已经存在的文件"相似。

④ 压缩文件格式（RAR、RAR4 与 ZIP）：ZIP 格式压缩文件通常在创建时会比 RAR 和 RAR4 格式快一些，但 RAR 和 RAR4 格式比 ZIP 格式的压缩率高，RAR 和 RAR4 格式支持多卷压缩文件，允许物理受损数据的恢复，能锁定重要的压缩文件。RAR 和 RAR4 格式的区别主要在于 RAR 格式与旧版本不兼容，而 RAR4 格式兼容旧版本。

⑤ 压缩方式：分为存储、最快、较快、标准、较好和最好 6 种，其压缩速度依次降低，而压缩率依次增大。

⑥ 压缩选项：

压缩后删除原来的文件：指压缩文件成功后删除原始文件。

创建自解压格式压缩文件：指创建 EXE 格式的压缩文件，这种格式的文件不需要其他解压软件就可自行解压缩。

创建固实压缩文件：是 RAR 特有的一种压缩格式，可以获得较高的压缩率。

添加恢复记录：可在压缩文件损坏时帮助恢复原文件，可在高级选项卡中指定恢复记录的大小。

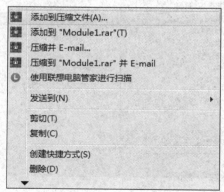

图 2-3-21　WinRAR 压缩文件快捷菜单

测试压缩的文件：用来检测压缩文件是否被正确压缩。

锁定压缩文件：锁定的压缩文件无法被 WinRAR 修改。

2）使用快捷方式打包

选择待压缩的文件或文件夹，右击弹出如图 2-3-21 所示的快捷菜单，执行"添加到压缩文件"等命令，即可进入相应压缩操作。

3）使用鼠标拖放法打包

用鼠标将待压缩的文件或文件夹直接拖放到目标压缩文件即可。

6. 使用 WinRAR 解压缩包，对压缩文件进行解压缩操作

1）使用传统方式解包

找到待解压的压缩文件，双击压缩文件启动 WinRAR 并打开压缩文件，出现如图 2-3-18 所示的 WinRAR 主界面，单击工具栏中的"解压到"按钮，出现如图 2-3-22 所示的"解压文件-360 压缩"对话框，在其中选择合适的目标路径后，单击"立即解压"按钮就可成功地解压文件。

2）使用快捷方式解包

选择要解压缩的文件，直接右击压缩文件，弹出如图 2-3-23 所示的快捷菜单，执行"解压文件"等命令即可。

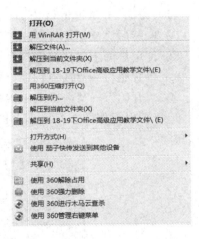

图 2-3-22　"解压文件-360 压缩"对话框　　　　图 2-3-23　WinRAR 解压缩快捷菜单

解压文件：执行这个命令会出现如图 2-3-22 所示的"解压文件-360 压缩"对话框，其解压方法同前。

解压到当前文件夹：解压到被解压文件所在的当前文件夹中。

解压到×××：解压到此快捷菜单所指定的文件夹中。

3）使用鼠标拖放法解包

先双击打开压缩文件，然后直接用鼠标将要解压缩的文件从压缩文件列表中拖出来，放到合适的目标位置即可解压。

7. 一键 GHOST 的安装及主界面

GHOST 是一个备份软件，它能将一个分区（通常是系统盘，称为源盘）内的所有文件制作成一个"压缩文件"（称为镜像文件）存放在其他安全分区（称为镜像盘，注意镜像盘和源盘不能相同）内。在系统出现任意已知或未知的问题时，启动 GHOST 工具，将镜像盘内的镜像文件还原到源盘，便可使系统还原到制作镜像文件时的状态。

GHOST 适用于各种操作系统。

1）一键 GHOST 的安装

（1）用户可从一键 GHOST 的官网（http://doshome.com/yj/）下载安装包。

（2）双击下载安装包，运行压缩解压软件。

（3）单击"解压到"按钮。出现参数设置对话框。设置好路径及其他参数，单击"确定"按钮。

（4）在设置好的路径里面找到"一键 GHOST 硬盘版.exe"，运行此文件。按照提示即可完成安装。

2）一键 GHOST 的运行

运行一键 GHOST 的方法如下，包括在 Windows 下运行和开机运行 2 种方法。

（1）方法 1：Windows 下运行，可以使用如下方法的任意一种运行 GHOST。

① 安装后"立即运行"。

② 使用桌面上的快捷键打开。

③ "开始"→"所有程序"→"一键 GHOST"→"一键 GHOST"（WIN7）。

④ "开始"→"一键 GHOST"（WIN8）。

运行后出现如图 2-3-24 所示的主界面。

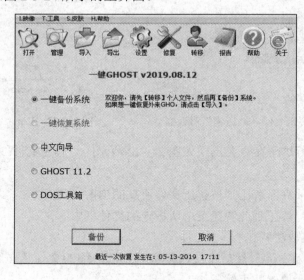

图 2-3-24　一键 GHOST 主界面

（2）方法 2：开机运行，有如下 2 种启动模式。

① 菜单模式。

a. 在要启动的操作系统页面中，选择"一键 GHOST v2019.08.12"，然后按【Enter】键。

b. 在 GRUB4DOS 菜单中，选择第一项并按【Enter】键（用键盘上的【↑】键和【↓】

键选择，默认为第一项，超时没做选择，则自动运行），如图 2-3-25 所示。

图 2-3-25  GRUB4DOS 菜单

c. 在 MS-DOS 一级菜单中，选择第一项并按【Enter】键（可以使用键盘上的【↑】键和【↓】键选择，注意高亮表示选中项，也可直接输入数字。默认为第一项，超时没做选择，则自动运行），如图 2-3-26 所示。

d. 在 MS-DOS 二级菜单中，选择第一项并按【Enter】键，如图 2-3-27 所示。

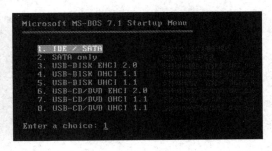

图 2-3-26  MS-DOS 一级菜单          图 2-3-27  MS-DOS 二级菜单

② 热键模式。

a. 在主界面中单击"设置"按钮，弹出设置对话框，单击"开机"选项卡，选择热键模式后，单击"确定"按钮。

b. 每次开机都会出现"Press K to start..."的提示，只要在 4 秒之内按下热键（【K】键）即可进入（启动过程中将自动跳过 3 个额外菜单，直达一键备份或一键恢复警告对话框）。

3）系统备份的方法

（1）开机启动 GHOST，运行 3 个菜单（热键模式直接跳过）。

（2）进入"一键备份系统"（如图 2-3-28 所示，如果此时出现"一键恢复系统"界面，则按【Esc】键返回主菜单，使用键盘上的【↑】键和【↓】键选择第一项并按【Enter】键，也可以直接输入"1"）。

（3）按【B】键开始备份。

　　4）系统恢复的方法（进行系统恢复的前提是系统已经存在备份文件）

　　（1）开机启动 GHOST，运行 3 个菜单（热键模式直接跳过）。

　　（2）进入"一键恢复系统"（如图 2-3-28 所示，如果此时出现"一键备份系统"界面，则按【Esc】键返回主菜单，如图 2-3-29 所示，使用键盘上的【↑】键和【↓】键选择第一项并按【Enter】键，也可以直接输入"1"）。

　　（3）按【K】键开始恢复。

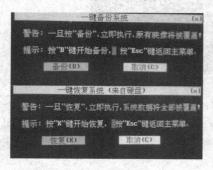

图 2-3-28　一键备份（恢复）窗口

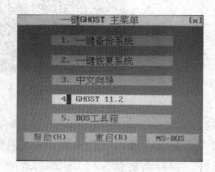

图 2-3-29　一键 GHOST 主菜单

# 实验 4 Word 2016 图文混排

**【实验目的】**

（1）掌握艺术字的插入与编辑操作方法，以及格式设置与混排方法。

（2）掌握基本的段落文字的排版方法。

（3）掌握分栏与首字下沉的设置方法。

（4）掌握图片文件的插入与编辑操作方法，以及格式设置与混排方法。

（5）掌握自选图形及文本框的插入与编辑操作方法，以及格式设置与混排方法。

**【实验任务要求】**

（1）插入艺术字：将标题改为艺术字标题，样式为"艺术字样式"库中的第 1 行第 1 列。

（2）设置艺术字格式：字体为宋体、一号；文本框上下左右内部边距均为 0；文字效果为"槽形：上"；形状阴影效果为外部"偏移：下"；文字环绕方式为"上下型环绕"。

（3）设置正文各段格式：字体为宋体、五号；首行缩进 2 字符、单倍行距；所有"人"字设置成红色、加蓝色双下划线、突出显示。

（4）设置分栏及首字下沉：将最后一段分成二栏、栏宽相等、加分隔线；首字下沉 3 行、宋体。

（5）插入图片：在样张所示位置插入图片 hb.jpg。

（6）设置图片格式：图片高度为 3 厘米；文字环绕方式为"四周型"；加红色 0.25 磅双线边框。

（7）插入自选图形：在样张所示位置插入自选图形。

（8）设置自选图形格式：形状为无填充色；轮廓为黑色 0.25 磅单实线。

（9）添加自选图形文字：在自选图形上添加文字，根据文字调整形状大小；文字格式为宋体、四号、加粗、居中、蓝色。

（10）组合自选图形和版式设置：将组合后的对象的文字环绕方式设置为"嵌入型"。

按上述要求完成操作后的效果如图 2-4-1 样张所示。

图 2-4-1　图文混排效果图

## 【实验操作步骤】

启动 Word 2016，录入如图 2-4-2 所示的原始文档，并在此基础上进行后续的操作。

图 2-4-2　原始文档

### 1. 插入艺术字

**step 1**：打开原始文档，选取标题文字"上海世博会吉祥物——海宝"，单击"开始"选项卡"段落"选项组中的"居中"按钮。

**step 2**：切换到"插入"选项卡，单击"文本"选项组中的"艺术字"下拉按钮，选择第 1 行第 1 列样式。

### 2. 设置艺术字格式

**step 1**：选取艺术字的文本内容→切换到"开始"选项卡→"字体"选项组→设置字体为"宋体"、字号为"一号"。

**step 2**：单击艺术字的文本框→切换到"绘图工具｜格式"选项卡→"排列"选项组→单击"环绕文字"下拉按钮→选择"上下型环绕"；再选择"艺术字样式"选项组→单击"艺术字样式"选项组右下角的对话框启动器按钮→打开"设置形状格式"对话框→单击"布局属性"按钮 ▣ →设置边距（设置参数如图 2-4-3 所示）→单击"关闭"按钮 ✕ ，完成内部边距的设置。

**step 3**：将插入点置于艺术字区域→切换到"绘图工具｜格式"选项卡→"艺术字样式"选项组→单击"文本效果"下拉按钮→选择"转换"选项→选择"槽形：上"样式，完成文本效果的设置，如图 2-4-4 所示。

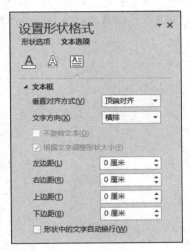

图 2-4-3　文本内部边距设置

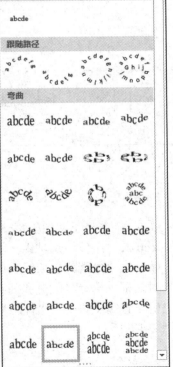

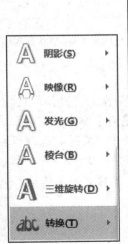

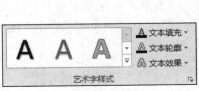

图 2-4-4　文本效果设置

　　**step 4**：将插入点置于艺术字区域→切换到"绘图工具｜格式"选项卡→"形状样式"选项组→单击"形状效果"下拉按钮→选择"阴影"选项→选择"向下偏移"样式。形状效果设置方法如图 2-4-5 所示。

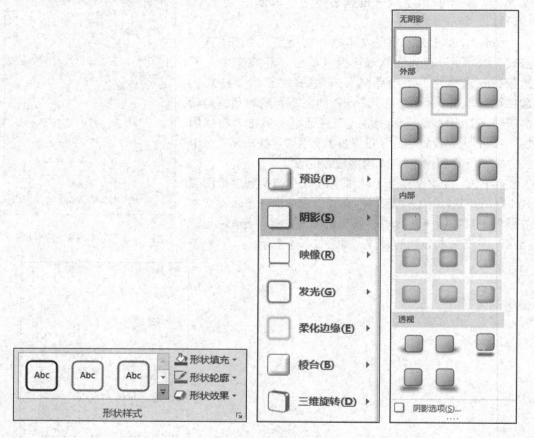

图 2-4-5　形状效果设置

### 3. 设置正文各段格式

　　**step 1**：选择正文各段落→切换到"开始"选项卡。
　　**step 2**："字体"选项组→设置字体为"宋体"，字号为"五号"。
　　**step 3**："段落"选项组→单击"段落"选项组右侧的对话框启动器按钮，弹出"段落"对话框→选择"缩进和间距"选项卡→在"特殊"下拉列表中选择"首行"选项，缩进值设置2字符→在"行距"下拉列表中选择"单倍行距"选项→单击"确定"按钮，如图 2-4-6 所示。

图 2-4-6　段落格式设置

**step 4**：切换到"开始"选项卡→选择"编辑"选项组→单击"替换"按钮→出现"查找和替换"对话框→在"查找内容"文本框中输入"人"→在"替换为"文本框中输入"人"→单击"更多"按钮→选中"替换为"文本框中的"人"字→单击"格式"下拉按钮→选择"字体"选项，打开"替换字体"对话框→字体颜色设置为"红色"，下划线线型选择双线，下划线颜色选择"蓝色"→单击"确定"按钮→单击"格式"下拉按钮→选择"突出显示"选项→单击"全部替换"按钮，完成文字内容的替换操作，如图 2-4-7 所示。

4. 设置分栏及首字下沉

**step 1**：选择最后一段文字→切换到"布局"选项卡→"页面设置"选项组→单击"栏"下拉按钮→选择"更多栏"选项，打开"栏"对话框→在"预设"选项组中选择"两栏"→选中"分隔线"复选按钮→单击"确定"按钮，完成分栏设置，如图 2-4-8 所示。

图 2-4-7　"查找和替换"对话框

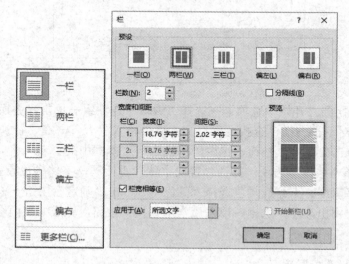

图 2-4-8　段落分栏设置

**step 2**：选择最后一段文字→切换到"插入"选项卡→"文本"选项组→单击"首字下沉"下拉按钮→选择"首字下沉选项"选项，出现"首字下沉"对话框→在"位置"选项卡单击"下沉"按钮，在"字体"下拉列表中选择"宋体"，下沉行数设置为"3"→

单击"确定"按钮，完成首字下沉的设置，如图 2-4-9 所示。

5．插入图片

鼠标单击第一段任意位置→切换到"插入"选项卡→"插图"选项组→单击"图片"按钮，出现"插入图片"对话框→选择示例图片库中的企鹅→单击"确定"按钮，完成图片的插入。

6．设置图片格式

**step 1**：选择图片→切换到"图片工具 | 格式"选项卡→"大小"选项组→在"高度"文本框中输入 3 厘米，完成图片大小的设置。

**step 2**：选择"排列"选项组→单击"环绕文字"下拉按钮→选择"四周型"环绕方式，完成文字环绕方式的设置。

图 2-4-9　段落首字下沉设置

**step 3**：选择"图片样式"选项组→单击"图片边框"下拉按钮→选择"虚线"选项→选择"其他线条"选项，出现"设置图片格式"对话框（图 2-4-10）→选择"填充与线条"标签 →选择"线条"中的"实线"→在"宽度"文本框中输入 0.25 磅→在"复合类型"下拉列表中选择"双线"选项→"颜色"选择"红色"→单击"关闭"按钮，完成图片边框的设置，并将图片移动至图 2-4-1 所示的位置。

7．插入自选图形

单击最后一段，切换到"插入"选项卡→"插图"选项组→单击"形状"下拉按钮→选择"带形：前凸"形状→在文档末尾处拖动鼠标绘制适当大小的自选图形→复制自选图形 4 次→按图 2-4-1 所示排列好自选图形。

8．设置自选图形格式

**step 1**：选择第一个自选图形→按住【Shift】键加选其他自选图形→切换到"绘图工具 | 格式"选项卡→"形状样式"选项组→单击"形状填充"下拉按钮→选择"无填充"选项。

**step 2**：单击"形状轮廓"下拉按钮→选择"粗细"选项→选择"0.25 磅"。

9．添加自选图形文字

**step 1**：选择第一个自选图形→单击"形状样式"选项组右侧的对话框启动器按钮，出现"设置形状格式"对话框→选择"布局属性"标签→选中"根据文字调整形状大小"复选框，如图 2-4-11 所示。

图 2-4-10 "设置图片格式"对话框     图 2-4-11 根据文字调整形状大小设置

**step 2**：选取第一个自选图形→右击，弹出快捷菜单→选择"添加文字"命令→输入文字内容→选取输入的文字→设置字体格式"四号、宋体、加粗、居中、蓝色"，完成文字的添加和格式设置。

**step 3**：按 step 2 添加其他自选图形的文字。

10．组合自选图形和版式设置

**step 1**：选取所有的自选图形→右击，弹出快捷菜单→选择"组合"选项→选择"组合"选项，即可将所有的自选图形组合成一个对象。

**step 2**：选中自选图形→右击，弹出快捷菜单→选择"环绕文字"选项→选择"嵌入型"选项。

# 实验 5　Word 2016 表格操作

## 【实验目的】

（1）掌握规则表格的设计方法。

（2）掌握合并单元格、拆分单元格、拆分表格的方法。

（3）掌握对表格进行边框、行高、列宽、线型等设置。

（4）掌握利用公式对表格中的数据进行计算和排序。

## 【实验任务要求】

（1）绘制表格：制作一个 7 行 6 列的规则表格。

（2）合并单元格：按样张所示合并相应单元格。

（3）设置列宽和行高：

① 设置第 1 行行高为 1.2 厘米，2~7 行行高为 0.7 厘米。

② 设置第 1 列列宽为 4 厘米，2~6 列列宽为 2 厘米。

（4）绘制斜线：按样张所示绘制斜线。

（5）输入表格内容：按样张所示输入单元格内容。

（6）格式化表格内容：

① 第 1 行：字体水平及垂直居中，字体为楷体、加粗、三号字。

② 第 2 行第 2 列至第 3 行第 6 列：水平居中，字体为楷体、五号字。

③ 第 1 列第 4 行至第 7 行：中部两端对齐，字体为楷体、五号字。

④ 第 2 列第 4 行至第 6 列第 7 行：中部右对齐，字体为楷体、五号字。

（7）修饰表格：

① 将第 1 行的边框设置为双线、深红色、0.75 磅，并将该行底纹设置为黄色。

② 将第 7 行的底纹设置为"白色-25%"，底纹的图案样式为 10%，颜色为橙色。

（8）输入公式计算单元格：第 7 行的数据要求用表格中的公式计算。

按上述要求操作，最后完成结果如图 2-5-1 所示。

| 产品销售情况表 | | | | | |
|---|---|---|---|---|---|
| 日期<br>产品名 | 2007 年 | | 2008 年 | | 2009 年 |
| | 上半年 | 下半年 | 上半年 | 下半年 | 上半年 |
| 电视机 | 300 | 345 | 212 | 196 | 350 |
| 洗衣机 | 212 | 489 | 135 | 234 | 256 |
| 电冰箱 | 156 | 126 | 256 | 198 | 211 |
| 总计 | 668 | 960 | 603 | 628 | 817 |

图 2-5-1　表格操作效果样张

【实验操作步骤】

启动 Word 2016，并在此基础上进行如下操作。

1. 绘制表格

将插入点置于文档中→切换到"插入"选项卡→"表格"选项组→单击"表格"下拉按钮→选择"插入表格"选项，出现"插入表格"对话框（图 2-5-2）→输入绘制表格的列数 6 和行数 7→单击"确定"按钮，一个规则的 7 行 6 列的表格插入到文档中。

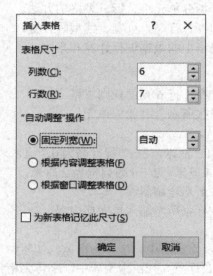

图 2-5-2　"插入表格"对话框

2. 合并单元格

**step 1**：选取表格第 1 行→切换到"表格工具｜布局"选项卡→"合并"选项组（图 2-5-3）→单击"合并单元格"按钮，即可将第 1 行合并为一个单元格。

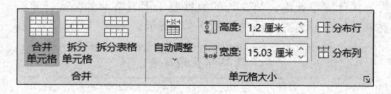

图 2-5-3　"合并"及"单元格大小"组

**step 2**：按照上一步操作完成其他相应单元格的合并，第 1 列第 2 行和第 3 行合并，第 2 行第 2 列和第 3 列合并，第 2 行第 4 列和第 5 列合并。

3. 设置列宽和行高

**step 1**：选择表格第 1 行→选择"单元格大小"选项组（图 2-5-3）→在"高度"文本框中输入"1.2 厘米"→在第 2 行左边选定区拖动鼠标左键到最后一行右边→选择"单元格大小"选项组→在"高度"文本框中输入"0.7 厘米"，完成表格行高的设置。

**step 2**：将鼠标指向表格左上角的十字交叉标记，选中表格→右击，弹出快捷菜单→选择"表格属性"选项，出现"表格属性"对话框（图 2-5-4）→选择"列"选项卡→单击"后一列"按钮，选中表格第 1 列→选中"指定宽度"复选框，并在其后文本框中输入"4 厘米"→单击"后一列"按钮，选中表格第 2 列→选中"指定宽度"复选框，并在其后文本框中输入"2 厘米"→用同样方法将其他列宽设置为"2 厘米"→单击"确定"按钮，完成列宽的设置。

4. 绘制斜线

选择要绘制斜线的单元格→选择"表格工具｜设计"选项卡→单击"边框"下拉按钮→选择"边框和底纹"选项，出现"边框和底纹"对话框→选择"边框"选项卡→单击斜线按钮，选择应用于"单元格"，如图 2-5-5 所示，然后单击"确定"按钮，完成斜线的绘制。

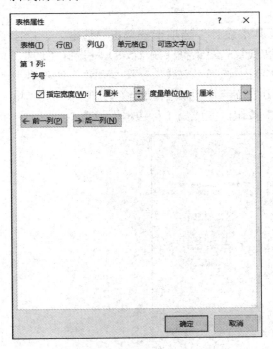

图 2-5-4   "表格属性"对话框

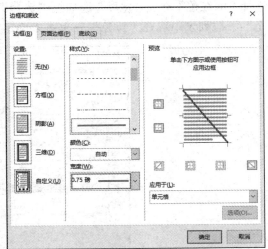

图 2-5-5   "边框和底纹"对话框

5. 输入表格内容

按图 2-5-1 所示输入除了最后一行外的单元格内容。

6. 格式化表格内容

**step 1**：选择表格第 1 行→选择"开始"选项卡→选择"字体"选项组→设置楷体、加粗、三号字，完成对第 1 行单元格内容的字体设置。

**step 2**：选择表格第 1 行→选择"开始"选项卡→选择"段落"选项组→单击"居中"按钮。

**step 3**：选择表格第 1 行→右击，弹出快捷菜单→选择"表格属性"命令→选择"单元格"选项卡→"垂直对齐方式"选择"居中"，完成第 1 行单元格对齐方式的设置。

**step 4**：按照以上三步操作，完成对其他单元格内容的相应格式设置，第 1 列"日期"右对齐，"产品名"左对齐并取消首行缩进，第 1 列其余单元格对齐方式设为两端对齐，楷体、五号字；第 2 行第 2 列至第 3 行第 6 列的单元格对齐方式设为水平居中，楷体、五号字；第 4 行第 2 列至第 7 行第 6 列的单元格对齐方式设为中部右对齐，楷体、五号字。

7. 修饰表格

**step 1**：选择表格第 1 行→选择"表格工具 | 设计"选项卡→单击"边框"下拉按钮→选择"边框和底纹"选项，出现"边框和底纹"对话框（图 2-5-6）→选择"边框"选项卡→单击"方框"按钮→在"样式"选项组中选择"双线"→在"颜色"选项组中选择"深红色"→在"宽度"选项组中选择"0.75 磅"→切换到"底纹"选项卡→在"填充"下拉列表中选择"黄色"→单击"确定"按钮，完成第 1 行边框的设置。

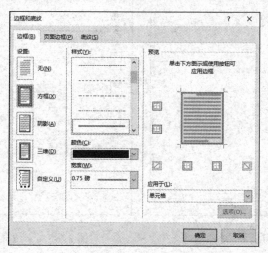

图 2-5-6　表格边框设置

**step 2**：选择表格第 7 行→选择"表格工具｜设计"选项卡→单击"边框"下拉按钮→选择"边框和底纹"选项，出现"边框和底纹"对话框（图 2-5-7）→选择"底纹"选项卡→在"填充"下拉列表中选择"白色，背景 1，深色 25%"→在样式下拉列表中选择"10%"→颜色选择"橙色"→单击"确定"按钮，完成第 7 行底纹的设置。

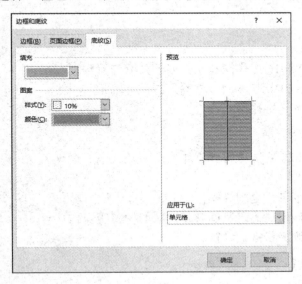

图 2-5-7　表格底纹设置

### 8. 输入公式计算单元格

**step 1**：将插入点置于第 7 行第 2 列→选择"表格工具｜布局"选项卡→选择"数据"选项组→单击"公式"按钮，出现"公式"对话框→单击"确定"按钮，上面单元格数据的和显示在该单元格中，因此计算得到上方单元格数据之和。

**step 2**：将插入点置于第 7 行第 3 列→按【F4】键，上面单元格数据的和显示在该单元格中。

**step 3**：第 7 行的 4～6 列的单元格，均可按 step 2 方法将相应单元格上面数据的和显示在对应单元格中。

# 实验 6　Excel 2016 基本操作

## 【实验目的】

（1）掌握 Excel 2016 工作簿和工作表的建立与管理。

（2）掌握 Excel 2016 基本的数据输入方法。

（3）熟练掌握单元格的格式设置方法。

## 【实验任务要求】

（1）建立 Excel 2016 工作簿和工作表。

（2）基本的数据输入。

（3）工作表重命名、复制等操作。

（4）工作表行和列的选定及行高和列宽的调整等操作。

（5）单元格的数字和格式设置。

## 【实验操作步骤】

### 1. 工作表的建立

创建一个名为"Excel 练习"的 Excel 工作簿，并将其第一个工作表命名为"文化水平统计表"，删除其他 2 个工作表。

操作方法及主要步骤如下。

（1）打开相应的文件夹。

（2）右击空白处，弹出快捷菜单，选择"新建"命令，选择"Microsoft Excel 工作表"选项，就可在文件夹中创建一个名为"新建 Microsoft Excel 工作表"的 Excel 文件，直接输入名字（或重命名为）"Excel 练习"。

（3）打开"Excel 练习"文件，双击表标签"Sheet1"（或右击，在快捷菜单中选择"重命名"选项），将"Sheet1"修改为"文化水平统计表"。

（4）右击表标签"Sheet2"，在快捷菜单中选择"删除"命令；用同样的方法删除"Sheet3"。

（5）按【Ctrl+S】组合键保存文件。

### 2. 工作表的数据编辑

在"文化水平统计表"中输入图 2-6-1 中的内容。

操作方法及主要步骤如下。

（1）在单元格 B1、B2、C2、E2 中分别输入"某企业职工文化水平统计表""学历"

"人数""占全部职工的百分比（%）"。

| | 某企业职工文化水平统计表 | | | | |
|---|---|---|---|---|---|
| 学历 | 人数 | | | 占全部职工的百分比（%） | |
| | 小计 | 其中：30岁以下 | | 小计 | 其中：30岁以下 |
| 大学以上 | 282 | 82 | | | |
| 中专 | 530 | 256 | | | |
| 高中 | 1170 | 553 | | | |
| 小学 | 948 | 381 | | | |
| 文盲 | 295 | 52 | | | |
| 合计 | | | | | |

图 2-6-1　文化水平统计表

（2）其他内容在对应单元格输入（其中单元格区域 E3:F3 的内容可从单元格区域 C3:D3 中复制得到），最后按【Ctrl+S】组合键保存文件。

3. 工作表的复制与重命名

将"文化水平统计表"复制后放到同一工作簿中，取名为"文化水平统计表-格式化"。

操作方法及主要步骤如下。

（1）右击表标签"文化水平统计表"，在弹出的快捷菜单中选择"移动或复制"命令，再在弹出的"移动或复制工作表"对话框中选中"建立副本"复选框，单击"确定"按钮，这时，工作簿中插入了一个工作表"文化水平统计表（2）"。

（2）双击新插入的工作表标签，将表名"文化水平统计表（2）"修改为"文化水平统计表-格式化"，单击快速访问工具栏中的"保存"按钮。

4. 工作表的单元格格式设置

对工作表"文化水平统计表-格式化"进行格式化操作（格式要求见操作步骤中），格式化后的表格如图 2-6-2 所示。

| 某企业职工文化水平统计表 | | | | |
|---|---|---|---|---|
| 学历 | 人数 | | 占全部职工的百分比（%） | |
| | 小计 | 其中：30岁以下 | 小计 | 其中：30岁以下 |
| 大学以上 | 282 | 82 | | |
| 中专 | 530 | 256 | | |
| 高中 | 1170 | 553 | | |
| 小学 | 948 | 381 | | |
| 文盲 | 295 | 52 | | |
| 合计 | | | | |

图 2-6-2　格式化后的"文化水平统计表"

实验后续计算要求：用公式计算出所有空白单元格中的数据，使得计算结果能随原始数据的修改而自动更新。计算百分比的基数都是总人数，百分比的数据后不带百分号。

操作方法及主要步骤如下。

（1）边框设置。选择 B2:F9 区域，在选择的区域中右击，在弹出的快捷菜单中选择"设置单元格格式"命令，打开"设置单元格格式"对话框。选择"边框"选项卡，在"直线"的"样式"列表中，选择最粗的实线，单击"外边框"按钮，再选择较粗的实线，单击"内部"按钮，如图 2-6-3 所示，单击"确定"按钮。

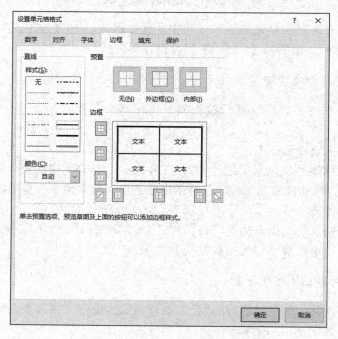

图 2-6-3　边框设置

（2）合并单元格设置。选择 B1:F1 区域，单击"开始"选项卡"对齐方式"选项组中的"合并后居中"按钮；以同样的方式对 B2:B3、C2:D2 和 E2:F2 区域进行操作。

（3）字体和字号设置。选择 B1:F1 区域，在"开始"选项卡"字体"选项组中设置字体为"黑体"、字号为"22"、加粗（或按【Ctrl+B】组合键）；再选择 B2:F9 区域，同样设置字体为"黑体"、字号为"18"、加粗。

（4）文本居中设置。选择 B4:B9 区域，单击"开始"选项卡"对齐方式"选项组中的"居中"按钮；同样选择 B2:F3 区域，单击"开始"选项卡上"对齐方式"选项组中"垂直居中"按钮。

（5）行高和列宽设置。选择 1～3 行，在选择的区域中右击，在弹出的快捷菜单中选择"行高"命令，在弹出的对话框中输入 60；同样设置 4～9 行的行高为 30；选择 B～F 列（鼠标指向列标 B，按下左键并拖动至列标 F），在选择的区域中右击，执行弹出的快捷菜单中的"列宽"命令，在弹出的对话框中输入 14。

（6）单元格内换行设置。双击单元格 D3（"其中：30 岁以下"），置插入光标于"："后，按【Alt+Enter】组合键，使之分成两行；选择 E2:F2（"占全部职工的百分比（%）"），单击"开始"选项卡"对齐方式"选项组中的"自动换行"按钮（也可在"设置单元格格式"对话框的"对齐"选项卡中选中"文本控制"选项组中的"自动换行"复选框来完成设置）。

5. 单元格格式及数据有效性设置

在"Excel 练习"工作簿增加一个名为"审计局计算机竞赛"的工作表，输入内容并进行初步格式化，并设置三项得分只能输入 0～100 的数，如图 2-6-4 所示。

| 单位 | 姓名 | 计算机理论得分 | Excel得分 | 审计软件操作得分 | 个人总分 | 个人名次 | 团体总分 | 团体名次 |
|---|---|---|---|---|---|---|---|---|
| | 选手01 | | | | | | | |
| 朝阳区 | 选手02 | | | | | | | |
| | 选手03 | | | | | | | |
| | 选手04 | | | | | | | |
| 南关区 | 选手05 | | | | | | | |
| | 选手06 | | | | | | | |
| | 选手07 | | | | | | | |
| 二道区 | 选手08 | | | | | | | |
| | 选手09 | | | | | | | |
| | 选手10 | | | | | | | |
| 绿园区 | 选手11 | | | | | | | |
| | 选手12 | | | | | | | |
| | 选手13 | | | | | | | |
| 宽城区 | 选手14 | | | | | | | |
| | 选手15 | | | | | | | |
| | 选手16 | | | | | | | |
| 经开区 | 选手17 | | | | | | | |
| | 选手18 | | | | | | | |

图 2-6-4　"审计局计算机竞赛"工作表

实验后续计算要求：用公式计算出"个人总分""个人名次""团体总分""团体名次"所有空白单元格中的数据，使得计算结果能随原始数据的修改而自动更新。

操作方法及主要步骤如下。

（1）将 B1:J1 区域"合并后居中"，并输入"审计系列计算机竞赛评分表"。

（2）选择 B2:J20 区域，选择"开始"选项卡"字体"选项组中"边框"下拉列表中的"所有框线"选项；选择 B2:J20 区域，在选择的区域中右击，在弹出的快捷菜单中选择"设置单元格格式"命令，打开"设置单元格格式"对话框。接着选择"边框"选项卡，在"直线"选项组"样式"列表框中，选择最粗的实线，单击"外边框"按钮。

（3）合并 B3:B5 区域，并将其向下填充至 B20（选择 B3:B5，鼠标移至其右下角出现填充柄，鼠标左键按住填充柄向下拖动）。

（4）选择 B3:B20 区域，执行复制操作（按【Ctrl+C】组合键），然后选择 I3 单元格，执行粘贴操作（按【Ctrl+V】组合键），再选择 J3，执行粘贴操作（按【Ctrl+V】组合键）。

（5）在 C3 单元格中输入"选手 01"，并从 C3 单元格向下填充至 C20。

（6）选择 D3:G20 区域，右击，在弹出的快捷菜单中选择"设置单元格格式"选项，打开"设置单元格格式"对话框，在"数字"选项卡中设置"数值"类型且设小数位数为 1。

（7）选择 D3:F20 区域，单击"数据"选项卡"数据工具"选项组中"数据验证"下拉按钮，在弹出的下拉列表中选择"数据验证"选项，打开"数据验证"对话框，并设置有效性参数，如图 2-6-5 所示。

图 2-6-5 数据有效性设置

（8）再输入其他内容，选择 B2:J20 区域，单击"开始"选项卡"单元格"选项组中的"格式"下拉按钮，在弹出的下拉列表中选择"自动调整列宽"选项；选择 B3:B20 区域，单击"开始"选项卡"对齐方式"选项组中的"垂直居中"按钮。用同样的方法也设置 I3:J20 的对齐方式为"垂直居中"，设置标题为黑体、18 号字，其他内容为黑体、12 号字，最后保存文件（按【Ctrl+S】组合键）。

### 6. 单元格格式及数据编辑设置

在"Excel 练习"工作簿中增加一个名为"职工工资表"的工作表，且输入部分内容，并作简单的格式化，如图 2-6-6 所示。

实验后续计算要求：用公式计算出所有空白单元格中的数据，使得计算结果能随原始数据的修改而自动更新。年龄：根据当前日期和出生日期计算出周岁；基本工资：1000 加上年龄乘以 50；津贴：为职称津贴（正高 1500、副高 800、中级 500、其他 100）和学位津贴（博士 500、硕士 200、其他 0）之和；扣税：按分段计算方法，3000 以内的部分为 0，超出 3000 且在 4000 以内的部分计 5%，超过 4000 的部分计 10%。

| | A | B | C | D | E | F | G | H | I | J | K | L | M |
|---|---|---|---|---|---|---|---|---|---|---|---|---|---|
| 1 | 职工号 | 部门 | 姓名 | 性别 | 出生日期 | 年龄 | 职称 | 学位 | 基本工资 | 津贴 | 应发工资 | 扣税 | 实发工资 |
| 2 | 1368 | 壹系 | 贺桂梅 | 男 | 1984/7/11 | | 中级 | 硕士 | | | | | |
| 3 | 1701 | 叁系 | 史平原 | 女 | 1993/5/31 | | 初级 | 学士 | | | | | |
| 4 | 2338 | 贰系 | 袁颖凤 | 女 | 1970/10/16 | | 副高 | 硕士 | | | | | |
| 5 | 2558 | 贰系 | 吴卫华 | 男 | 1964/7/21 | | 正高 | 学士 | | | | | |
| 6 | 2653 | 叁系 | 梁建辉 | 男 | 1990/10/3 | | 初级 | 硕士 | | | | | |
| 7 | 2845 | 壹系 | 付锋 | 男 | 1978/3/15 | | 中级 | 博士 | | | | | |
| 8 | 2979 | 壹系 | 罗敏 | 女 | 1983/9/21 | | 中级 | 硕士 | | | | | |
| 9 | 3113 | 壹系 | 夏湘衡 | 男 | 1973/12/1 | | 中级 | 硕士 | | | | | |
| 10 | 3335 | 壹系 | 周志开 | 男 | 1967/4/26 | | 副高 | 硕士 | | | | | |
| 11 | 3625 | 壹系 | 彭明蓉 | 女 | 1984/2/17 | | 初级 | 硕士 | | | | | |
| 12 | 3725 | 叁系 | 黄国英 | 女 | 1991/8/12 | | 初级 | 学士 | | | | | |
| 13 | 5197 | 叁系 | 贺桂花 | 女 | 1983/7/10 | | 中级 | 博士 | | | | | |
| 14 | 5577 | 贰系 | 彭美玲 | 女 | 1971/4/21 | | 副高 | 硕士 | | | | | |
| 15 | 5650 | 叁系 | 刘菊珍 | 女 | 1991/5/21 | | 初级 | 学士 | | | | | |
| 16 | 5958 | 叁系 | 谢新强 | 女 | 1989/7/4 | | 初级 | 硕士 | | | | | |
| 17 | 6172 | 贰系 | 刘立康 | 女 | 1964/11/9 | | 副高 | 硕士 | | | | | |
| 18 | 6432 | 贰系 | 宁隆群 | 男 | 1966/3/1 | | 正高 | 硕士 | | | | | |
| 19 | 6866 | 叁系 | 傅锋 | 男 | 1988/6/9 | | 初级 | 硕士 | | | | | |
| 20 | 7843 | 贰系 | 杨瑶林 | 女 | 1970/7/15 | | 副高 | 学士 | | | | | |
| 21 | 9756 | 壹系 | 梁建锋 | 女 | 1977/3/30 | | 正高 | 博士 | | | | | |
| 22 | 总计 | | | | | | | | | | | | |
| 23 | 平均 | | | | | | | | | | | | |

图 2-6-6   职工工资表及人数统计

操作方法及主要步骤如下。

（1）"部门"分为"壹系""贰系""叁系"，可使用复制和粘贴的方法填满单元格；或分三次输入，即先选择需要输入"壹系"的单元格（按【Ctrl】键+鼠标单击），输入一个"壹系"，接着使用组合键【Ctrl+Enter】填满其他单元格。

（2）"性别""职称""学位"都按"部门"的输入方法输入，待输入所有数据后，使用【Ctrl+S】组合键保存（为避免意外，在操作过程中应多次保存）。

（3）选定所有文字，字体设置为黑体，选择 A1:M23 区域，使用"开始"选项卡"单元格"选项组中"格式"列表项中的"自动调整列宽"，选择 A1:M23 区域，在选择的区域中右击，在弹出的快捷菜单中选择"设置单元格格式"命令，打开"设置单元格格式"对话框；接着，选择"边框"选项卡，在"样式"列表框中，选择最粗的实线，单击"外边框"按钮，再选择较粗的实线，单击"内部"按钮，最后单击"确定"按钮。

# 实验 7　Excel 2016 公式和函数

## 【实验目的】

（1）熟练掌握公式计算及常用函数的使用。

（2）了解工作表的基本保护方法。

（3）了解多工作表的合并计算。

## 【实验任务要求】

（1）能灵活运用公式计算方法。

（2）常用函数的基本用法。本任务中常用函数包括 SQRT、LOG、RAND、SUM、AVERAGE、IF、RANK、COUNT、COUNTIF、COUNTIFS、DATEDIF、TODAY 等。

（3）公式和函数中对单元格或区域的引用方法，通过填充公式来完成同类型的计算任务。

（4）单元格锁定选项的意义及设置方法。

（5）工作表的保护方法。

## 【实验操作步骤】

### 1.　求和及百分比计算

计算出图 2-6-2 中工作表"文化水平统计表-格式化"的所有空白单元格的数据，最终结果如图 2-7-1 所示。

**某企业职工文化水平统计表**

| 学历 | 人数 | | 占全部职工的百分比（%） | |
|---|---|---|---|---|
| | 小计 | 其中：30岁以下 | 小计 | 其中：30岁以下 |
| 大学以上 | 282 | 82 | 8.744186 | 2.542636 |
| 中专 | 530 | 256 | 16.43411 | 7.937984 |
| 高中 | 1170 | 553 | 36.27907 | 17.14729 |
| 小学 | 948 | 381 | 29.39535 | 11.81395 |
| 文盲 | 295 | 52 | 9.147287 | 1.612403 |
| 合计 | 3225 | 1324 | 100 | 41.05426 |

图 2-7-1　"文化水平统计表-格式化"计算结果

操作方法及主要步骤如下。

（1）单击 C9 单元格，在"开始"选项卡"编辑"选项组中选择"自动求和"下拉列表中的"求和"选项，则 C9 单元格中会自动输入"=SUM（C4:C8）"，按【Enter】键确定，得结果 3225；再将 B9 单元格的公式向右填充到 F9 单元格，便可得到求和结果。

（2）在 E4 单元格中输入公式"=C4/\$C\$9%"，再将 E4 单元格向右填充到 F4 单元格；再选择 E4:F4 区域，将其向下填充到 E8:F8 区域，最后保存文件。

说明：公式"=C4/\$C\$9%"中，\$C\$9 是对 C9 的绝对引用，使得 E4:F8 区域所有单元格中公式的分母都是 C9 单元格，而%的作用是将前面公式的计算结果放大 100 倍。

2. 函数应用（随机函数、四舍五入函数、求和函数和排位函数）

计算出图 2-6-4 中工作表"审计局计算机竞赛"的所有空白单元格的数据，结果如图 2-7-2 所示。

| 单位 | 姓名 | 计算机理论得分 | Excel得分 | 审计软件操作得分 | 个人总分 | 个人名次 | 团体总分 | 团体名次 |
|---|---|---|---|---|---|---|---|---|
| | 选手01 | 96.0 | 59.0 | 68.2 | 223.2 | 9 | | |
| 朝阳区 | 选手02 | 78.4 | 93.4 | 53.0 | 224.8 | 7 | 666.7 | 3 |
| | 选手03 | 61.3 | 91.4 | 66.0 | 218.7 | 10 | | |
| | 选手04 | 54.8 | 72.1 | 98.7 | 225.6 | 5 | | |
| 南关区 | 选手05 | 50.4 | 55.3 | 92.4 | 198.1 | 15 | 632.7 | 6 |
| | 选手06 | 71.1 | 78.8 | 59.1 | 209.0 | 14 | | |
| | 选手07 | 70.0 | 95.2 | 94.8 | 260.0 | 2 | | |
| 二道区 | 选手08 | 50.7 | 59.6 | 71.9 | 182.2 | 18 | 667.5 | 2 |
| | 选手09 | 99.2 | 62.4 | 63.7 | 225.3 | 6 | | |
| | 选手10 | 97.4 | 54.8 | 62.2 | 214.4 | 11 | | |
| 绿园区 | 选手11 | 81.7 | 79.0 | 89.8 | 250.5 | 4 | 656.5 | 5 |
| | 选手12 | 84.3 | 50.3 | 57.0 | 191.6 | 17 | | |
| | 选手13 | 71.9 | 82.1 | 57.6 | 211.6 | 12 | | |
| 宽城区 | 选手14 | 86.7 | 86.2 | 84.1 | 257.0 | 3 | 660.3 | 4 |
| | 选手15 | 59.7 | 68.3 | 63.7 | 191.7 | 16 | | |
| | 选手16 | 97.7 | 79.8 | 86.3 | 263.8 | 1 | | |
| 经开区 | 选手17 | 66.9 | 66.3 | 90.9 | 224.1 | 8 | 699.1 | 1 |
| | 选手18 | 56.6 | 98.0 | 56.6 | 211.2 | 13 | | |

图 2-7-2 "审计局计算机竞赛"计算结果

操作方法及主要步骤如下。

（1）输入各项得分（为方便起见使用随机函数）。在 D3 单元格中输入公式"=ROUND（50+50*RAND(),1）"（返回 50～100 之间并且最多带一位小数的数），再将 D3 单元格向右填充到 F3 单元格，再选择 D3:F3 区域，将其向下填充到 D20:F20 区域（为使随机产生的数据不再动态变化，可选择 D20:F20 区域，复制，再选择性粘贴其值）。

说明：RAND()函数返回大于或等于 0 且小于 1 的平均分布随机数，ROUND()函数按指定的位数对数值进行四舍五入。因此，用户得到的结果也是随机产生的。

（2）计算"个人总分"。单击 G3 单元格，在"开始"选项卡"编辑"选项组中选择"自动求和"下拉列表中的"求和"选项，则 G3 单元格中会自动输入公式"=SUM(D3:F3)"（或"=D3+E3+F3"），按【Enter】键确定，再将 G3 单元格向下填充到 G20 单元格。

（3）计算"个人名次"。在 H3 单元格中输入公式"=RANK(G3,G\$3:G\$20)"，再将 H3 单元格向下填充到 H20 单元格（说明：公式中 G\$3:G\$20 是区域 G3:G20 的混合引用，使得公式在向下填充时行绝对引用）。

（4）计算"团体总分"。选择"朝阳区"对应的"团体总分"单元格（名称框中显示 I3），输入公式"=SUM(G3:G5)"（或"= G3+G4+G5"），再将 I3 单元格向下填充到 I20 单元格。

（5）计算"团体名次"。选择"朝阳区"对应的"团体名次"单元格（名称框中显示 J3），输入公式"=RANK(I3,I\$3:I\$20)"，再将 J3 单元格向下填充到 J20 单元格。最后保存文件。

3．函数应用（日期年差函数、当前日期函数、平均值函数、条件函数、条件计数函数、多条件计数函数）

计算出图 2-6-6 中工作表"职工工资表"的所有空白单元格的数据，结果如图 2-7-3 所示。

| | A | B | C | D | E | F | G | H | I | J | K | L | M |
|---|---|---|---|---|---|---|---|---|---|---|---|---|---|
| 1 | 职工号 | 部门 | 姓名 | 性别 | 出生日期 | 年龄 | 职称 | 学位 | 基本工资 | 津贴 | 应发工资 | 扣税 | 实发工资 |
| 2 | 1368 | 壹系 | 贺桂梅 | 男 | 1984/7/11 | 31 | 中级 | 硕士 | 2550 | 700 | 3250 | 12.5 | 3237.5 |
| 3 | 1701 | 叁系 | 史平原 | 女 | 1993/5/31 | 22 | 初级 | 学士 | 2100 | 100 | 2200 | 0 | 2200 |
| 4 | 2338 | 贰系 | 袁丽凤 | 女 | 1970/10/16 | 45 | 副高 | 硕士 | 3250 | 1000 | 4250 | 75 | 4175 |
| 5 | 2558 | 贰系 | 吴卫华 | 男 | 1964/7/21 | 51 | 正高 | 学士 | 3550 | 1500 | 5050 | 155 | 4895 |
| 6 | 2653 | 叁系 | 梁建辉 | 男 | 1990/10/3 | 25 | 初级 | 学士 | 2250 | 100 | 2350 | 0 | 2350 |
| 7 | 2845 | 壹系 | 付锋 | 男 | 1978/3/15 | 37 | 中级 | 博士 | 2850 | 1000 | 3850 | 42.5 | 3807.5 |
| 8 | 2979 | 壹系 | 罗敏 | 女 | 1983/9/21 | 32 | 中级 | 学士 | 2600 | 500 | 3100 | 5 | 3095 |
| 9 | 3113 | 壹系 | 夏湘衡 | 男 | 1973/12/1 | 42 | 中级 | 硕士 | 3100 | 700 | 3800 | 40 | 3760 |
| 10 | 3335 | 壹系 | 周志开 | 男 | 1967/4/26 | 48 | 副高 | 硕士 | 3400 | 1000 | 4400 | 90 | 4310 |
| 11 | 3625 | 壹系 | 彭明蓉 | 女 | 1984/2/17 | 31 | 中级 | 硕士 | 2550 | 700 | 3250 | 12.5 | 3237.5 |
| 12 | 3725 | 叁系 | 黄国英 | 女 | 1991/8/12 | 24 | 初级 | 学士 | 2200 | 100 | 2300 | 0 | 2300 |
| 13 | 5197 | 壹系 | 贺桂花 | 女 | 1983/7/10 | 32 | 中级 | 博士 | 2600 | 1000 | 3600 | 30 | 3570 |
| 14 | 5577 | 贰系 | 彭美玲 | 女 | 1971/4/21 | 44 | 副高 | 硕士 | 3200 | 1000 | 4200 | 70 | 4130 |
| 15 | 5650 | 叁系 | 刘菊珍 | 女 | 1991/5/21 | 24 | 初级 | 学士 | 2200 | 100 | 2300 | 0 | 2300 |
| 16 | 5958 | 叁系 | 谢新强 | 男 | 1989/7/4 | 26 | 初级 | 硕士 | 2300 | 300 | 2600 | 0 | 2600 |
| 17 | 6172 | 贰系 | 刘立庚 | 女 | 1964/11/9 | 51 | 副高 | 博士 | 3550 | 1300 | 4850 | 135 | 4715 |
| 18 | 6432 | 贰系 | 宁隆群 | 男 | 1966/3/1 | 49 | 正高 | 硕士 | 3450 | 1700 | 5150 | 165 | 4985 |
| 19 | 6866 | 叁系 | 傅锋 | 男 | 1988/6/9 | 27 | 初级 | 硕士 | 2350 | 300 | 2650 | 0 | 2650 |
| 20 | 7843 | 贰系 | 杨瑶林 | 女 | 1970/7/15 | 45 | 副高 | 硕士 | 3250 | 800 | 4050 | 55 | 3995 |
| 21 | 9756 | 壹系 | 梁建锋 | 女 | 1977/3/30 | 38 | 正高 | 博士 | 2900 | 2000 | 4900 | 140 | 4760 |
| 22 | 总计 | | | | | | | | 56200 | 15900 | 72100 | 1028 | 71072.5 |
| 23 | 平均 | | | | | 36.2 | | | 2810 | 795 | 3605 | 51.4 | 3553.625 |

图 2-7-3 "职工工资表"计算结果

操作方法及主要步骤如下。

（1）计算"年龄"。在 F2 单元格中输入公式"=YEAR(TODAY())-YEAR(E2)"，再将 F2 单元格向下填充到 F21 单元格（公式中 TODAY()是当前日期函数，如果计算机系统设置的日期不正确，请修改系统日期，YEAR()函数是返回日期的年份值。因此，得到的结果也是系统日期当前年的结果）。然后选中 F2:F21 区域，将"开始"选项卡"数字"选项组中的"日期"改为"常规"，即可显示出年龄的计算结果。

（2）计算"基本工资"。在 I2 单元格中输入公式"=1000+F2*50"并按【Enter】键确定，然后填充至 I21 单元格。

（3）计算"津贴"。在 J2 单元格中输入公式"=IF(G2="正高",1500,IF(G2="副高",800,IF(G2="中级",500,100)))+IF(H2="博士",500,IF(H2="硕士",200,0))"，再将 J2 单元格向下填充到 J21 单元格。

（4）计算"应发工资"。在 K2 单元格中输入公式"=I2+J2"，再将 K2 单元格向下填充到 K21 单元格。

（5）计算"扣税"。在 L2 单元格中输入公式"=IF(K2>4000,0.1*(K2-4000)+50,IF(K2>3000,0.05*(K2-3000),0))"，再将 L2 单元格向下填充到 L21 单元格。

（6）计算"实发工资"。在 M2 单元格中输入公式"=K2-L2"，再将 M2 单元格向下填充到 M21 单元格。

（7）计算"基本工资"到"实发工资"的各项"总计"数。在 I22 单元格中输入公式"=SUM(I2:I21)"并按【Enter】键确定，再将 I22 单元格向右填充到 M22 单元格。

（8）计算"年龄"及"基本工资"到"实发工资"的各项"平均"数。在 F23 单元格中输入公式"=AVERAGE(F2:F21)"并按【Enter】键确定；选择 F23 单元格，执行复制命令（按【Ctrl+C】组合键），再选择 I23:M23 区域，执行粘贴命令（按【Ctrl+V】组合键）；最后保存文件。

# 实验 8　Excel 2016
# 数据管理和图表

## 【实验目的】

（1）熟练掌握数据的排序和自动筛选操作。

（2）熟练掌握数据的分类汇总操作和数据透视表操作。

（3）了解常见图表的创建及相关操作。

## 【实验任务要求】

（1）数据的排序操作。

（2）数据的自动筛选操作。

（3）数据的分类汇总操作。

（4）数据透视表操作。

（5）创建柱形图。

## 【实验操作步骤】

将实验 7 中完成计算后的"职工工资表"A1:M21 区域中的数据复制到一个新的工作表 Sheet1 中。右击工作表标签"Sheet1"，在弹出的快捷菜单中选择"移动或复制"命令，再在弹出的对话框中选中"建立副本"复选框，单击"确定"按钮。这时，工作簿中插入了一个工作表"Sheet1（2）"；这样依次建立同样的 4 张工作表，并分别命名为"多字段排序表""自动筛选表""分类汇总表""数据透视表"。

### 1. 多字段排序

对"多字段排序表"工作表进行排序，使得所有记录都按职称升序排列，并且如果职称相同按年龄升序排列。

操作方法及主要步骤如下。

（1）单击数据区任何位置，选择"数据"选项卡"排序和筛选"选项组中的"排序"选项，打开"排序"对话框。

（2）选择"主要关键字"为"职称"；再单击"添加条件"按钮，选择"次要关键字"为"年龄"（图 2-8-1），单击"确定"按钮，完成排序操作，排序结果如图 2-8-2 所示。

图 2-8-1　"排序"对话框

| | A | B | C | D | E | F | G | H | I | J | K | L | M |
|---|---|---|---|---|---|---|---|---|---|---|---|---|---|
| 1 | 职工号 | 部门 | 姓名 | 性别 | 出生日期 | 年龄 | 职称 | 学位 | 基本工资 | 津贴 | 应发工资 | 扣税 | 实发工资 |
| 2 | 1701 | 叁系 | 史平原 | 女 | 1993/5/31 | 22 | 初级 | 学士 | 2100 | 100 | 2200 | 0 | 2200 |
| 3 | 3725 | 叁系 | 黄国英 | 女 | 1991/8/12 | 24 | 初级 | 学士 | 2200 | 100 | 2300 | 0 | 2300 |
| 4 | 5650 | 叁系 | 刘菊珍 | 女 | 1991/5/21 | 24 | 初级 | 学士 | 2200 | 100 | 2300 | 0 | 2300 |
| 5 | 2653 | 叁系 | 梁建辉 | 男 | 1990/10/3 | 25 | 初级 | 学士 | 2250 | 100 | 2350 | 0 | 2350 |
| 6 | 5958 | 叁系 | 谢新强 | 女 | 1989/7/4 | 26 | 初级 | 硕士 | 2300 | 300 | 2600 | 0 | 2600 |
| 7 | 6866 | 叁系 | 傅锋 | 男 | 1988/6/9 | 27 | 初级 | 硕士 | 2350 | 300 | 2650 | 0 | 2650 |
| 8 | 1368 | 壹系 | 贺桂梅 | 男 | 1984/7/11 | 31 | 中级 | 硕士 | 2550 | 700 | 3250 | 12.5 | 3237.5 |
| 9 | 3625 | 壹系 | 彭明蓉 | 女 | 1984/2/17 | 31 | 中级 | 硕士 | 2550 | 700 | 3250 | 12.5 | 3237.5 |
| 10 | 2979 | 壹系 | 罗敏 | 女 | 1983/9/21 | 32 | 中级 | 硕士 | 2600 | 500 | 3100 | 5 | 3095 |
| 11 | 5197 | 壹系 | 贺桂花 | 女 | 1983/7/10 | 32 | 中级 | 博士 | 2600 | 1000 | 3600 | 30 | 3570 |
| 12 | 2845 | 壹系 | 付锋 | 男 | 1978/3/15 | 37 | 中级 | 博士 | 2850 | 1000 | 3850 | 42.5 | 3807.5 |
| 13 | 3113 | 壹系 | 夏湘衡 | 男 | 1973/12/1 | 42 | 中级 | 硕士 | 3100 | 700 | 3800 | 40 | 3760 |
| 14 | 5577 | 贰系 | 彭美玲 | 女 | 1971/4/21 | 44 | 副高 | 硕士 | 3200 | 1000 | 4200 | 70 | 4130 |
| 15 | 2338 | 贰系 | 袁颖凤 | 女 | 1970/10/16 | 45 | 副高 | 硕士 | 3250 | 1000 | 4250 | 75 | 4175 |
| 16 | 7843 | 贰系 | 杨瑶林 | 女 | 1970/7/15 | 45 | 副高 | 学士 | 3250 | 800 | 4050 | 55 | 3995 |
| 17 | 3335 | 壹系 | 周志开 | 男 | 1967/4/26 | 48 | 副高 | 硕士 | 3400 | 1000 | 4400 | 90 | 4310 |
| 18 | 6172 | 贰系 | 刘立庚 | 女 | 1964/11/9 | 51 | 副高 | 博士 | 3550 | 1300 | 4850 | 135 | 4715 |
| 19 | 9756 | 壹系 | 梁建锋 | 男 | 1977/3/30 | 38 | 正高 | 博士 | 2900 | 2000 | 4900 | 140 | 4760 |
| 20 | 6432 | 贰系 | 宁隆群 | 男 | 1966/3/1 | 49 | 正高 | 硕士 | 3450 | 1700 | 5150 | 165 | 4985 |
| 21 | 2558 | 贰系 | 吴卫华 | 男 | 1964/7/21 | 51 | 正高 | 学士 | 3550 | 1500 | 5050 | 155 | 4895 |

图 2-8-2　多字段排序结果

**2. 自动筛选**

对"自动筛选表"工作表进行自动筛选，筛选出 35 岁以下的女职工信息。

操作方法及主要步骤如下。

（1）单击数据区任何位置，选择"数据"选项卡"排序和筛选"选项组中的"筛选"选项，这时数据表第 1 行的各字段名右边出现筛选按钮。

（2）单击"性别"的筛选按钮，在弹出的下拉列表中，取消选中"男"复选框，并单击"确定"按钮；再单击"年龄"的筛选按钮，在弹出的下拉列表中，选择"数字筛选"的"小于"选项，在弹出的"自定义自动筛选方式"对话框中输入数值 35，并单击"确定"按钮，结果如图 2-8-3 所示。

说明：若要取消筛选状态，可再次单击"数据"选项卡"排序和筛选"选项组中的"筛选"按钮。

| | A | B | C | D | E | F | G | H | I | J | K | L | M |
|---|---|---|---|---|---|---|---|---|---|---|---|---|---|
| 1 | 职工号 ▼ | 部门 ▼ | 姓名 ▼ | 性别 ▼ | 出生日期 ▼ | 年龄 ▼ | 职称 ▼ | 学位 ▼ | 基本工 ▼ | 津贴 ▼ | 应发工 ▼ | 扣税 ▼ | 实发工 ▼ |
| 2 | 1701 | 叁系 | 史平原 | 女 | 1993/5/31 | 22 | 初级 | 学士 | 2100 | 100 | 2200 | 0 | 2200 |
| 3 | 3725 | 叁系 | 黄国英 | 女 | 1991/8/12 | 24 | 初级 | 学士 | 2200 | 100 | 2300 | 0 | 2300 |
| 5 | 5650 | 叁系 | 刘菊珍 | 女 | 1991/5/21 | 24 | 初级 | 学士 | 2200 | 100 | 2300 | 0 | 2300 |
| 6 | 5958 | 叁系 | 谢新强 | 女 | 1989/7/4 | 26 | 初级 | 硕士 | 2300 | 300 | 2600 | 0 | 2600 |
| 17 | 3625 | 壹系 | 彭明蓉 | 女 | 1984/2/17 | 31 | 中级 | 硕士 | 2550 | 700 | 3250 | 12.5 | 3237.5 |
| 18 | 2979 | 壹系 | 罗敏 | 女 | 1983/9/21 | 32 | 中级 | 学士 | 2600 | 500 | 3100 | 5 | 3095 |
| 19 | 5197 | 壹系 | 贺桂花 | 女 | 1983/7/10 | 32 | 中级 | 博士 | 2600 | 1000 | 3600 | 30 | 3570 |

图 2-8-3　自动筛选结果

### 3. 分类汇总

对"分类汇总表"工作表进行分类汇总,统计出不同学位的职工人数。

操作方法及主要步骤如下。

(1)单击"学位"列中任意一个数据,单击"数据"选项卡"排序和筛选"选项组中的"升序"按钮。

(2)单击"数据"选项卡"分级显示"选项组中的"分类汇总"按钮,然后在弹出的"分类汇总"对话框中进行相关设置,如图 2-8-4 所示,并单击"确定"按钮,这时可在数据表中出现分类汇总的统计结果,如图 2-8-5 所示。

**分类汇总**对话框

分类字段(A):
学位

汇总方式(U):
计数

选定汇总项(D):
☐ 年龄
☐ 职称
☑ 学位
☐ 基本工资
☐ 津贴
☐ 应发工资

☑ 替换当前分类汇总(C)
☐ 每组数据分页(P)
☑ 汇总结果显示在数据下方(S)

全部删除(R)　确定　取消

图 2-8-4　"分类汇总"对话框

| | A | B | C | D | E | F | G | H | I | J | K | L | M | N |
|---|---|---|---|---|---|---|---|---|---|---|---|---|---|---|
| 1 | 职工号 | 部门 | 姓名 | 性别 | 出生日期 | 年龄 | 职称 | | 学位 | 基本工资 | 津贴 | 应发工资 | 扣税 | 实发工资 |
| 2 | 6172 | 贰系 | 刘立庚 | 男 | 1964/11/9 | 57 | 副高 | | 博士 | 3850 | 1300 | 5150 | 165 | 4985 |
| 3 | 9756 | 壹系 | 梁建锋 | 女 | 1977/3/30 | 44 | 正高 | | 博士 | 3200 | 2000 | 5200 | 170 | 5030 |
| 4 | 5197 | 壹系 | 贺桂花 | 女 | 1983/7/10 | 38 | 中级 | | 博士 | 2900 | 1000 | 3900 | 45 | 3855 |
| 5 | 2845 | 壹系 | 付锋 | 男 | 1978/3/15 | 43 | 中级 | | 博士 | 3150 | 1000 | 4150 | 65 | 4085 |
| 6 | | | | | | | | 博士 计数 | 4 | | | | | |
| 7 | 5958 | 叁系 | 谢新强 | 女 | 1989/7/4 | 32 | 初级 | | 硕士 | 2600 | 300 | 2900 | 0 | 2900 |
| 8 | 6866 | 叁系 | 傅锋 | 男 | 1988/6/9 | 33 | 初级 | | 硕士 | 2650 | 300 | 2950 | 0 | 2950 |
| 9 | 5577 | 贰系 | 彭美玲 | 女 | 1971/4/21 | 50 | 副高 | | 硕士 | 3500 | 1000 | 4500 | 100 | 4400 |
| 10 | 2338 | 贰系 | 袁颖凤 | 女 | 1970/10/16 | 51 | 副高 | | 硕士 | 3550 | 1000 | 4550 | 105 | 4445 |
| 11 | 3335 | 壹系 | 周志开 | 男 | 1967/4/26 | 54 | 副高 | | 硕士 | 3700 | 1000 | 4700 | 120 | 4580 |
| 12 | 6432 | 贰系 | 宁隆群 | 男 | 1966/3/1 | 55 | 正高 | | 硕士 | 3750 | 1700 | 5450 | 195 | 5255 |
| 13 | 1368 | 壹系 | 贺桂梅 | 女 | 1984/7/11 | 37 | 中级 | | 硕士 | 2850 | 700 | 3550 | 27.5 | 3522.5 |
| 14 | 3625 | 壹系 | 彭明蓉 | 女 | 1984/2/17 | 37 | 中级 | | 硕士 | 2850 | 700 | 3550 | 27.5 | 3522.5 |
| 15 | 3113 | 壹系 | 夏湘衡 | 男 | 1973/12/1 | 48 | 中级 | | 硕士 | 3400 | 700 | 4100 | 60 | 4040 |
| 16 | | | | | | | | 硕士 计数 | 9 | | | | | |
| 17 | 1701 | 叁系 | 史平原 | 女 | 1993/5/31 | 28 | 初级 | | 学士 | 2400 | 100 | 2500 | 0 | 2500 |
| 18 | 3725 | 叁系 | 黄国英 | 女 | 1991/8/12 | 30 | 初级 | | 学士 | 2500 | 100 | 2600 | 0 | 2600 |
| 19 | 5650 | 叁系 | 刘菊珍 | 女 | 1991/5/21 | 30 | 初级 | | 学士 | 2500 | 100 | 2600 | 0 | 2600 |
| 20 | 2653 | 叁系 | 梁建辉 | 男 | 1990/10/3 | 31 | 初级 | | 学士 | 2550 | 100 | 2650 | 0 | 2650 |
| 21 | 7843 | 贰系 | 杨瑶林 | 女 | 1970/7/15 | 51 | 副高 | | 学士 | 3550 | 800 | 4350 | 85 | 4265 |
| 22 | 2558 | 贰系 | 吴卫华 | 男 | 1964/7/21 | 57 | 正高 | | 学士 | 3850 | 1500 | 5350 | 185 | 5165 |
| 23 | 2979 | 叁系 | 罗敏 | 女 | 1983/9/21 | 38 | 中级 | | 学士 | 2900 | 500 | 3400 | 20 | 3380 |
| 24 | | | | | | | | 学士 计数 | 7 | | | | | |
| 25 | | | | | | | | 总计数 | 20 | | | | | |

图 2-8-5　分类汇总结果(一)

（3）若单击工作表左边出现的分级
数字，则得到如图 2-8-6 所示的结果。

若要取消分类汇总，可重新打开"分
类汇总"对话框，单击"全部删除"按钮。

4. 数据透视表

插入一个与职工工资表对应的数据
透视表，并进行不同的设置，得出各部门
男女人数、各部门基本工资汇总、不同职称人数、不同学位人数等结果。

操作方法及主要步骤如下。

（1）选中"数据透视表"工作表，单击"插入"选项卡"表格"组中的"数据透视
表"按钮，打开如图 2-8-7 所示"创建数据透视表"对话框（注："数据透视表!$A$1:$M$21"
是数据区的绝对引用，读者自己操作时，表名称可能不同），单击"确定"按钮后得到
如图 2-8-8 所示的对话框。

| 1 2 3 | | H | I |
|---|---|---|---|
| | 1 | | 学位 |
| + | 6 | 博士 计数 | 4 |
| + | 16 | 硕士 计数 | 9 |
| + | 24 | 学士 计数 | 7 |
| − | 25 | 总计数 | 20 |

图 2-8-6　分类汇总结果（二）

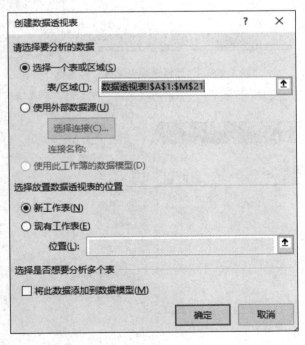

图 2-8-7　"创建数据透视表"对话框

（2）若将字段"部门""性别""职工号"分别拖到"行标签""列标签""Σ 数值"，
将默认的"Σ 数值"通过"值字段设置"由求和改为计数，则可得各部门男女人数统计
结果，如图 2-8-9 所示。

图 2-8-8 "数据透视表字段"对话框

图 2-8-9 数据透视表结果——各部门男女人数

（3）读者可进行不同设置来得到不同的结果。不需要的字段，可拖出来。

## 5．创建簇状柱形图

插入一个与图 2-8-10 所示数据透视表结果对应的各部门男女人数的柱形图。
操作方法及主要步骤如下。

（1）选择 A5:C8 区域，单击"插入"选项卡"图表"选项组中的"插入柱形图或条形图"下拉按钮，调出各类柱形图列表。

（2）在列表中选择"簇状柱形图"，可得到如图 2-8-10 所示的彩色柱形图。

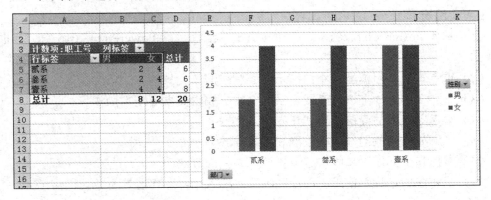

图 2-8-10　各部门男女人数柱形图

# 实验 9 PowerPoint 2016
# 基本操作

**【实验目的】**

（1）掌握 PowerPoint 2016 的启动与退出方法，了解 PowerPoint 2016 窗口界面的组成。

（2）重点掌握利用模板和空白演示文稿制作演示文稿的方法。

（3）学会在幻灯片上调整版式、录入文本、编辑文本等基本操作。

（4）掌握对文本与段落的格式化操作。

（5）了解如何修改幻灯片的主题和背景样式。

（6）掌握和了解使用母版快速设置演示文稿的方法。

（7）了解在幻灯片中使用各种绘图工具，插入图片、声音等对象的操作。

**【实验任务要求】**

（1）创建一个空白的演示文稿。

（2）新建演示文稿。

（3）在演示文稿中第 2 张幻灯片上添加文本。

（4）对创建的演示文稿进行保存、关闭、打开与放映等操作。

（5）幻灯片的各种基本操作。

（6）对演示文稿的第 2 张幻灯片中的标题和文本进行格式化。

（7）在演示文稿的第 1 张幻灯片中插入一幅图片（"读书的男孩"）和一个线条，并对该图片和线条进行修饰。

（8）修改演示文稿背景样式为"羊皮纸"，然后设置主题为流畅。

（9）使用幻灯片母版修饰幻灯片。

**【实验操作步骤】**

1. 创建一个空白的演示文稿

要创建一个空白的演示文稿，其方法有如下 2 种。

（1）在快速访问工具栏上单击"新建"按钮（或按【Ctrl+N】组合键），创建含有一张幻灯片的空白演示文稿，如图 2-9-1 所示。

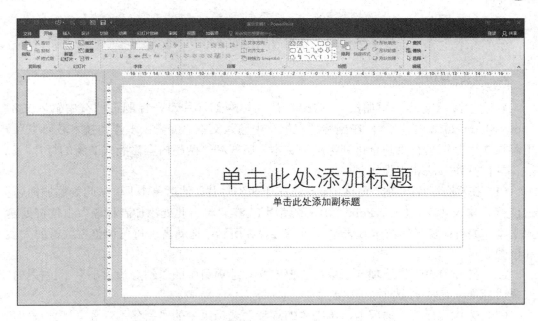

图 2-9-1　空白演示文稿

（2）具体步骤如下。

① 单击"文件"选项卡，在弹出的菜单界面中，选择"新建"选项，打开如图 2-9-2 所示的界面。

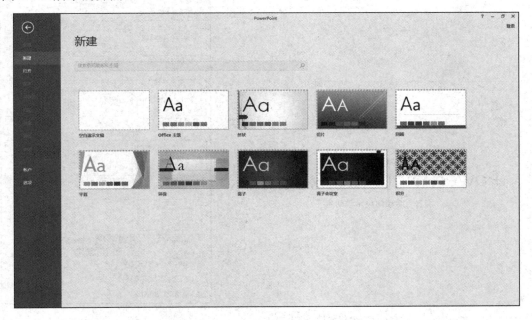

图 2-9-2　"新建"界面

② 双击"空白演示文稿"按钮，创建一个具有一定内容的演示文稿。

注意：如果单击其他模板，可以在弹出的界面中选择该模板的不同配色方案。

2. 新建幻灯片

新建一演示文稿，添加第 1 张幻灯片为标题幻灯片，在标题占位符中输入文本"PowerPoint 2016 的使用"，在副标题占位符中输入文本"编者：多媒体技术教研室"。再添加 2 张分别具有"垂直排列标题和文本"版式和"两栏内容"版式的新幻灯片。

具体操作方法和步骤如下。

（1）在"幻灯片/大纲"窗格中，单击第 1 张幻灯片。然后单击"单击此处添加标题"占位符，输入内容"PowerPoint 2016 的使用"；在"单击此处添加副标题"占位符处输入文本"编者：多媒体技术教研室"，如图 2-9-3 所示。拖动占位符可调整占位符的大小和位置。

（2）打开"设计"选项卡，单击"自定义"选项组中的"幻灯片大小"下拉按钮，选择"标准（4:3）"选项。

（3）选择"开始"选项卡，单击"幻灯片"选项组中的"新建幻灯片"下拉按钮，弹出版式下拉列表，如图 2-9-4 所示。

图 2-9-3　调整占位符的大小和位置

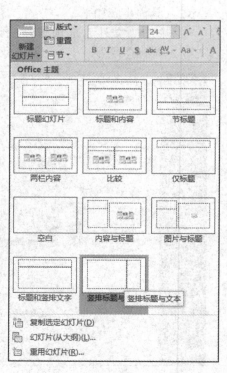

图 2-9-4　版式下拉列表

（4）找到"竖排标题与文本"图标并单击，此时就插入了一张具有该版式的新幻灯片（用户也可将鼠标定位到"幻灯片/大纲"窗格所需要的地方，右击，在弹出的快捷菜单中选择"新建幻灯片"选项，可插入一张幻灯片，但该幻灯片的版式为空白样式，用户需要单击"开始"选项卡"幻灯片"选项组中的"版式"下拉按钮进行修改）。

（5）用同样的方法可添加一张具有"两栏内容"版式的新幻灯片。

3．在第 2 张幻灯片上添加文本

操作方法与步骤如下。

（1）使用占位符添加文本。在该幻灯片上，用户可看到标有"单击此处添加标题""单击此处添加文本"等字样的占位符。要插入文本对象时，只需单击这些占位符，即可在激活的文本区域内输入文本内容。

（2）使用文本框添加文本。

① 选择"插入"选项卡，单击"文本"选项组中的"文本框"下拉按钮，接着在弹出的下拉列表中选择"绘制横排文本框"或"竖排文本框"选项。

② 将鼠标指针移动到幻灯片上，拖动鼠标画出一个文本框，如图 2-9-5 所示。

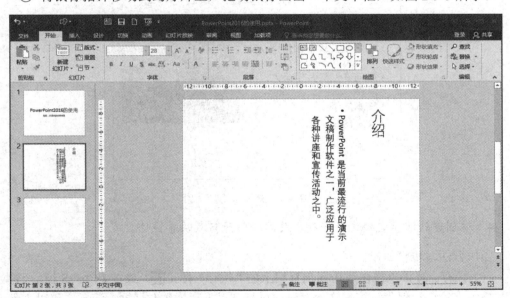

图 2-9-5  在幻灯片中插入一个文本框

③ 当文本框出现后，用户便可在其中输入文本内容，如果文本框太小，则可单击文本框边缘，拖动四周的控制句柄到适当位置即可。

在演示文稿的第 2 张和第 3 张幻灯片的标题占位符、文本占位符分别输入如图 2-9-6 和图 2-9-7 所示的内容。

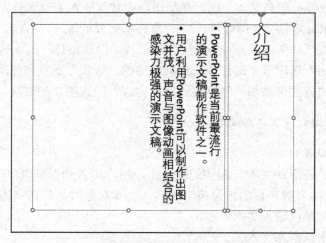

图 2-9-6　在标题占位符和文本占位符处输入文本

图 2-9-7　第 3 张幻灯片内容

**4. 对创建的演示文稿进行保存、关闭、打开与放映等操作**

操作方法与步骤如下。

（1）保存。直接单击快速访问工具栏上的"保存"按钮 🔲（或按【Ctrl+S】组合键），可对演示文稿进行保存。第一次保存时，可打开"另存为"对话框，演示文稿以文件名"PowerPoint 幻灯片的制作.pptx"存盘。

（2）关闭。选择"文件"选项卡中的"关闭"选项（或按【Ctrl+W】组合键），可关闭演示文稿文件。

（3）打开。单击快速访问工具栏上的"打开"按钮 🗁（或选择"文件"选项卡中的"打开"选项，或按【Ctrl+O】组合键），即可选择打开一个演示文稿。

（4）放映。选择"幻灯片放映"选项卡，单击"开始放映幻灯片"选项组中的"从当前幻灯片开始"按钮（或按【Shift+F5】组合键，或单击右下角的"幻灯片放映"按钮），则从当前幻灯片开始放映演示文稿。如果单击"开始放映幻灯片"选项组中的"从头开始"按钮（或按【F5】键），则演示文稿从第 1 张幻灯片开始放映，以供设计者观察幻灯片效果。

5. 幻灯片的各种基本操作

（1）插入幻灯片。插入一张幻灯片的方法如下。

① 在"幻灯片/大纲"窗格中，单击选择被插入幻灯片位置的前一张幻灯片（也可在两张幻灯片之间单击），因为新的幻灯片被插入在当前幻灯片的后面。

② 选择"开始"选项卡，单击"幻灯片"选项组中的"新建幻灯片"下拉按钮，弹出版式下拉列表，选择一种幻灯片版式即可。

要插入一张新幻灯片，也可在"幻灯片/大纲"窗格中右击，在弹出的快捷菜单中选择"新建幻灯片"命令。

③ 然后在幻灯片编辑窗格，输入并编辑内容。

（2）复制幻灯片。在"幻灯片/大纲"窗格中，单击被复制的幻灯片，按住【Ctrl】键的同时用鼠标拖动该幻灯片到新的位置，放开鼠标，即可把幻灯片复制到新的位置。

（3）删除幻灯片。在"幻灯片/大纲"窗格中，选中将要删除的幻灯片，按【Delete】键，或选中幻灯片右击，在弹出的快捷菜单中选择"删除幻灯片"命令，该幻灯片立即就被删除。

（4）缩放显示文稿。选择"视图"选项卡，单击"缩放"选项组中的"缩放"按钮，在弹出的"缩放"对话框中确定一个比例大小后，"幻灯片/大纲"幻灯片缩略图以及幻灯编辑窗口的界面都将发生变化。

如果单击"适应窗口大小"按钮或拖动 PowerPoint 2016 系统窗口右下角的"按当前窗口调整幻灯片大小"按钮，则幻灯片编辑窗口可自动调整幻灯片的显示比例。

（5）重新排列幻灯片的次序。在"幻灯片/大纲"窗格中，单击要改变次序的幻灯片，用鼠标拖动该幻灯片到新的位置，放开鼠标，就把幻灯片排到新的位置了。

6. 对标题和文本进行格式化

对"PowerPoint 幻灯片的制作.pptx"演示文稿中的第 2 张幻灯片中的标题和文本进行格式化，具体要求如下。

① 标题文本：字体为华文新魏；字号为 48；字形为阴影；颜色为红色；段落为左对齐。

② 项目清单：字体为华文细黑；字号为 24；首行缩进 1.5 厘米；项目符号为一张图片。

③ 项目所在段落行距设置：段前与段后为 12 磅。

操作方法与步骤如下。

（1）启动 PowerPoint 2016 并打开演示文稿"PowerPoint 幻灯片的制作.pptx"。

（2）在"幻灯片/大纲"窗格中，单击第 2 张幻灯片，幻灯片编辑窗格出现第 2 张幻灯片。

（3）选定标题占位符，按要求设置标题文本的格式。

（4）选定正文文本占位符，按要求设置字体、字号、段落格式。

（5）选定正文文本占位符，单击"段落"选项组中的"项目符号"下拉按钮，选择"项目符号和编号"选项，在"项目符号和编号"对话框中选择如图 2-9-8 所示的图片。

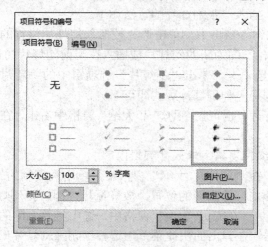

图 2-9-8 "项目符号和编号"对话框

（6）选中第 2 段，选择"开始"选项卡，再单击"段落"选项组右下角的对话框启动器按钮，打开"段落"对话框，如图 2-9-9 所示，按要求设置第 2 段的段落格式。

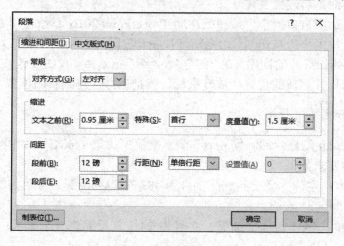

图 2-9-9 "段落"对话框

（7）格式化后的幻灯片，如图 2-9-10 所示。最后，按【Ctrl+S】组合键对演示文稿进行保存。

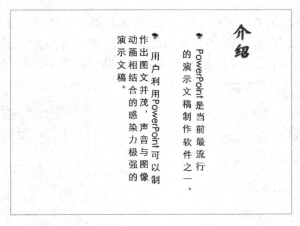

图 2-9-10　文本与段落的格式化

**7．为幻灯片插入图片和线条**

在"PowerPoint 幻灯片的制作.pptx"演示文稿的第 1 张幻灯片中插入一幅图片（"computers"）和一个线条，并对该图片和线条进行修饰。

操作方法与步骤如下。

（1）启动 PowerPoint 2016 并打开"PowerPoint 幻灯片的制作.pptx"演示文稿。选择该文稿中的第 1 张幻灯片为当前幻灯片。

（2）选择"插入"选项卡，单击"图像"选项组中的"图片"按钮，弹出"插入图片"对话框搜索"computers"，选择一张并插入到幻灯片中。

（3）根据幻灯片的布局，单击"绘图工具 | 格式"选项卡"大小"选项组右下角的对话框启动器按钮，设置该图片的大小为原图片大小的 120%，距离左上角水平位置 3 厘米，距离左上角垂直位置 9 厘米，如图 2-9-11 和图 2-9-12 所示。

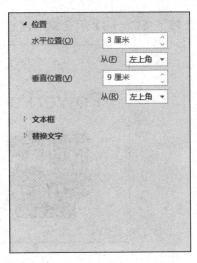

图 2-9-11　插入并调整图片的大小　　　　　图 2-9-12　插入并调整图片的位置

（4）插入一个高为 0.8 厘米、宽为 12 厘米的矩形（高度和宽度设置正确即可，缩放高度等设置可以不同），在"填充与线条"标签中将矩形设置为"渐变填充"，如图 2-9-13 和图 2-9-14 所示。设置副标题右对齐，适当调整主标题、副标题和矩形的位置。

图 2-9-13　插入并调整图片的大小　　　　图 2-9-14　插入并调整图片的位置

（5）按下【Ctrl+S】组合键对演示文稿进行保存，结果如图 2-9-15 所示。

图 2-9-15　演示文稿制作结果

8. 修改演示文稿背景样式为"羊皮纸"，然后设置主题为"平面"

操作方法及主要步骤如下。

（1）启动 PowerPoint 2016，打开"PowerPoint 幻灯片的制作.pptx"演示文稿，并选择该文稿中的任意一张幻灯片为当前幻灯片。

（2）在"设计"选项卡"变体"选项组中选择"背景样式"选项，弹出下拉列表，如图 2-9-16 所示，选择"设置背景格式"选项，打开"设置背景格式"对话框，如图 2-9-17 所示。

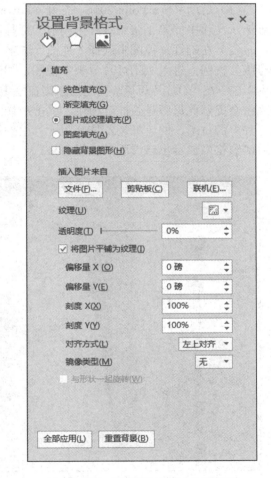

图 2-9-16　"背景样式"下拉列表　　　　图 2-9-17　"设置背景格式"对话框

（3）在"设置背景格式"对话框中，选中"图片或纹理填充"单选按钮，并在"纹理"下拉列表中选择一种纹理"羊皮纸"。单击"应用到全部"按钮，此设置将应用于演示文稿中的全部幻灯片。

（4）选择"设计"选项卡，在"主题"下拉列表中选择一种主题，本例选择的主题是"平面";单击"变体"选项组中的"背景样式"按钮,在弹出的下拉列表中选择一种样式,本例选择"样式9"。

　　**注意**:主题设置后,前面设置的背景样式不起作用,除非重新改变背景的样式。此外,主题设置后,可能会影响各幻灯片中各对象的显示效果,用户应调整。

　　9. 使用幻灯片母版修饰幻灯片

　　使用幻灯片母版可以控制幻灯片的格式,修饰所有幻灯片,具体操作方法如下。

　　(1)启动 PowerPoint 2016,打开"PowerPoint 幻灯片的制作.pptx"演示文稿。选择该演示文稿中的第 1 张幻灯片为当前幻灯片。

　　(2)在幻灯片视图中选择"视图"选项卡,单击"母版视图"选项组中的"幻灯片母版"按钮,进入"幻灯片母版"视图,如图 2-9-18 所示。

　　(3)在"幻灯片母版"视图的左侧窗格中,将鼠标移至某个母版时,PowerPoint 2016系统会提示此母版是否能够使用。单击选择一种当前演示文稿使用的母版,如"标题幻灯片"的母版,即"标题幻灯片版式:由幻灯片 1 使用",此时"幻灯片母版"视图的右侧窗格中显示出该母版的编辑窗格。

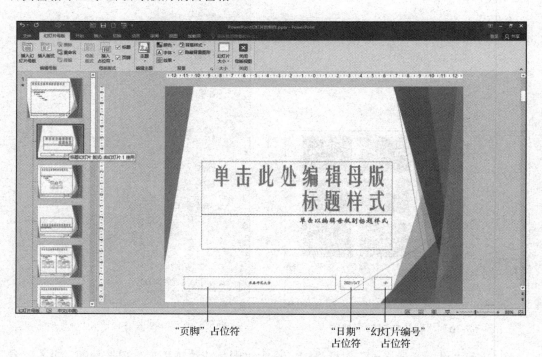

图 2-9-18　"幻灯片母版"视图

"标题幻灯片"母版的编辑窗格中有 5 个占位符，可确定幻灯片母版的版式。

（4）更改文本格式：选择幻灯片母版中对应的占位符。例如，标题样式或文本样式等，可以设置字符格式、段落格式等。一旦母版中某一对象格式发生变化，那么它将影响标题幻灯片版式的所有幻灯片对象的格式，但其他幻灯片的版式将不受此影响。

（5）设置页眉、页脚和幻灯片编号。选择"插入"选项卡，用户可选择"文本"选项组中的"日期和时间"和"幻灯片编号"选项，在"日期"和"幻灯片编号"占位符中插入日期和幻灯片编号。

单击"文本"选项组中的"页眉和页脚"按钮，弹出"页眉和页脚"对话框，如图 2-9-19 所示。

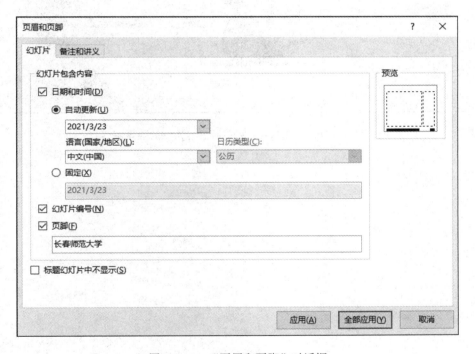

图 2-9-19　"页眉和页脚"对话框

根据需要设置好各参数，单击"全部应用"按钮，页眉和页脚区设置完毕（直接单击"页脚"占位符，可编辑页脚信息）。

（6）在幻灯片母版中插入对象，可使同样版式的每一张幻灯片自动拥有该对象。同样地，修改其他版式的幻灯片母版。

（7）单击"插入"选项卡"关闭"选项组中的"关闭母版视图"按钮，关闭幻灯母版编辑视图。使用幻灯片母版修饰幻灯片的效果如图 2-9-20 所示。

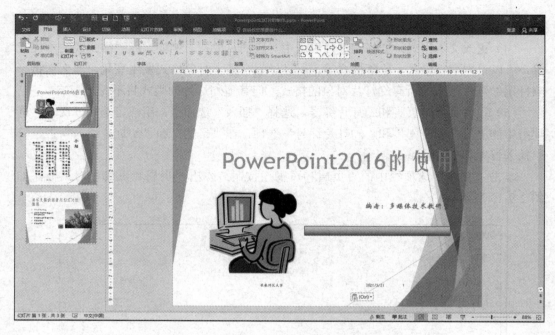

图 2-9-20　使用母版对幻灯片进行修饰的效果图

# 实验 10 PowerPoint 2016 动画和跳转

## 【实验目的】

（1）掌握对幻灯片切换的设置与使用。

（2）了解并掌握幻灯片中动画设置技巧，学会对文字和图片元素进行动画设置。

（3）了解 PowerPoint 2016 文档中各幻灯片间超链接与跳转的操作。

（4）掌握建立一个较完整的 PowerPoint 2016 文档所需要的步骤与技术。

## 【实验任务要求】

（1）设置幻灯片放映时的切换效果。

（2）在幻灯片中设置动画效果。

（3）在幻灯片间建立超链接与跳转。

## 【实验操作步骤】

### 1. 设置幻灯片放映时的切换效果

操作方法和步骤如下。

（1）启动 PowerPoint 2016 后，打开 "PowerPoint 幻灯片的制作.pptx" 演示文稿，并选择第 1 张幻灯片。

（2）选择 "切换" 选项卡，如图 2-10-1 所示。单击 "切换到此幻灯片" 下拉列表按钮 ，在弹出的下拉列表中选择一种合适的效果，如 "涡流"。

图 2-10-1 "切换" 选项卡

（3）在单击选定某一效果的同时，用户可观察到效果的动画画面。如果再次预览效果，可单击 "切换" 选项卡中的 "预览" 按钮。

（4）当用户满意此切换效果后，再通过 "切换" 选项卡中的选项，对切换效果做进一步修改，本例设置 "效果选项" 为 "自右侧"，"声音" 为 "风声"。

（5）单击 "全部应用" 按钮，可将此切换效果应用于全部幻灯片。

2. 在幻灯片中设置动画效果

操作方法和步骤如下。

（1）启动 PowerPoint 2016 后，打开"PowerPoint 幻灯片的制作.pptx"演示文稿，并选择第 1 张幻灯片。

（2）单击或选定"标题"占位符，选择"动画"选项卡，单击"高级动画"选项组中的"动画窗格"按钮 ，打开"动画窗格"窗口，如图 2-10-2 所示。

图 2-10-2  "动画窗格"窗口

（3）单击"高级动画"选项组中的"添加动画"下拉按钮，在弹出的下拉列表中选择"更多进入效果"选项，打开如图 2-10-3 所示的"添加进入效果"对话框，在"基本"选项组中选择"菱形"效果。

（4）在"动画"选项组中的"效果选项"下拉列表中，单击"形状"选项组中的"菱形"按钮；在"方向"选项组中单击"放大"按钮，如图 2-10-4 所示。

（5）单击"计时"选项组中的"开始"下拉按钮，在弹出的下拉列表中选择"上一动画之后"；在"持续时间"文本框中输入一个时间，如 2.00（秒）。

依次对图片、副标题和矩形条对象设置动画效果如下：

① 图片：飞入、自右上部、上一动画之后、持续时间为 2.25。

② 副标题：弹跳、上一动画之后、持续时间为 2.25。

③ 矩形条：擦除、自右侧、上一动画之后、持续时间为 1.25。

图 2-10-3　"自定义动画"任务窗格　　　　图 2-10-4　"效果选项"列表

（6）向幻灯片添加完动画后，在"动画"选项卡"计时"选项中单击"向前移动""向后移动"按钮可调整动画顺序，单击播放按钮，可观察动画效果。

（7）所有对象的动画效果设置完毕后，单击 PowerPoint 2016 窗口右下角"幻灯片放映"按钮　，观看设置好的动画效果。

**注意**：除设置动画的进入效果外，用户还可设置强调、退出、其他路径及 OLE 操作动作等效果。

3．在幻灯片间建立超链接与跳转

操作方法和步骤如下。

1）超链接的设置

（1）启动 PowerPoint 2016 后，打开"PowerPoint 幻灯片的制作.pptx"演示文稿，并选择第 3 张幻灯片，如图 2-10-5 所示。

（2）选中幻灯片文本中的"演示文稿的创建"项目。

（3）选择"插入"选项卡，单击"链接"选项组中的"超链接"按钮，此时弹出"插入超链接"对话框，如图 2-10-6 所示。

图 2-10-5　演示文稿中的第 3 张幻灯片

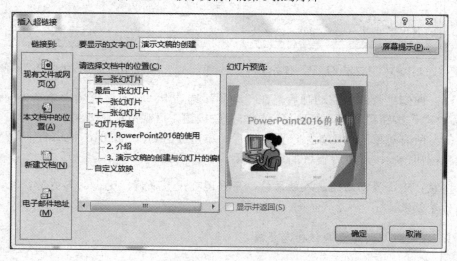

图 2-10-6　"插入超链接"对话框

（4）在"链接到"选项组中，单击"本文档中的位置"按钮，然后在"请选择文档中的位置"列表框中，单击"第一张幻灯片"。

（5）单击"确定"按钮，超链接设置完毕。在幻灯片放映时，可单击超链接处，实现幻灯片的快速跳转切换。

2）动作的设置

上面的设置是实现快速从第 3 张幻灯片跳转到第 1 张幻灯片。我们在下面的设置中以动作的方式实现从第 3 张幻灯片跳转到第 2 张幻灯片。

（1）在"幻灯片/大纲"窗格中，单击选择第 3 张幻灯片。

（2）选择"插入"选项卡，单击"插图"选项组中的"形状"下拉按钮，在弹出的下拉列表中选择"动作按钮"选项组中的"后退或前一项"选项，在当前幻灯片中适当位置上画出动作按钮。动作按钮画好后，系统弹出"操作设置"对话框，如图 2-10-7 所示。

**注意**：如果不小心关闭了"操作设置"对话框，用户可在"插入"选项卡中，单击"链接"选项组中的"动作"按钮。

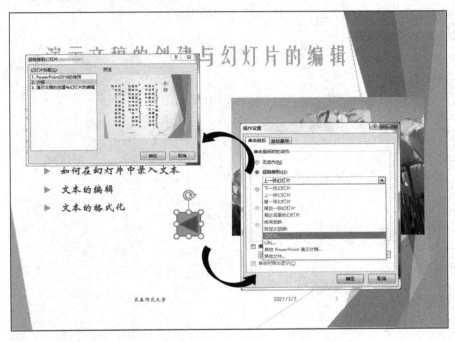

图 2-10-7 "操作设置"的步骤

（3）在"操作设置"对话框中，有两种鼠标方式：单击鼠标和鼠标悬停。鼠标方式是指使用鼠标的不同方法时，动作的响应方式。

（4）在"操作设置"对话框中选择"超链接到"单选按钮，之后在其下拉列表中选择"幻灯片"选项，打开"超链接到幻灯片"对话框，选择一张要链接到的幻灯片。

（5）两次单击"确定"按钮后，动作设置完成。放映幻灯片，当鼠标移动到项目标题处时，光标变成手形图标 🖑，单击此动作按钮，即可跳转至指定的幻灯片。

# 第 3 部分

# 综 合 练 习

    本部分结合主教材各章节所介绍的知识点和操作方法，并参考全国计算机等级考试的需要而设计，内容包括 Word 部分综合练习题目、Excel 部分综合练习题目、PowerPoint 部分综合练习题目。每个题目都描述了具体的应用环境和功能要求，读者需利用所掌握的知识并加以综合运用，实现指定的功能，以提高分析问题、处理问题的综合能力。

# 综合练习 1　Word 综合练习

**练习 1：（练习题目所需文件在"综合练习素材/ Word 综合练习/练习 1"文件夹下）**

（1）将标题段文字（"应对 2020 新高考"）设置为四号、蓝色、黑体、居中；倒数第 17 行文字（"2017 中国一流大学名单"）设置为四号、居中、红色方框、黄色文字底纹。

（2）为正文一至四段（"专家建议……新高考的脉络。"）设置项目符号"●"。

（3）设置页眉为"高考时报"。

（4）将最后面的 16 行文字转换为一个 16 行 2 列的表格。设置表格居中，单元格对齐方式为水平居中（垂直、水平均居中）。

（5）设置表格外框线为 1.5 磅、蓝色、双实线，内框线为 1 磅、红色、单实线。

**练习 2：（练习题目所需文件在"综合练习素材/ Word 综合练习/练习 2"文件夹下）**

（1）将标题段文字（"学科基础必修课评定成绩"）设置为三号、黑体、红色、加粗、居中并添加蓝色文字底纹。

（2）设置正文第一段（"数据结构课程……起到促进作用。"）首字下沉 2 行，距离正文 0.1 厘米；设置正文第二段（"在对……结果总结如下："）悬挂缩进 1 字符，行距为 1.3 倍；为正文第三至第六段（"本专业……实用课程"）设置项目符号"●"。

（3）在页面底端居中位置插入页码，样式为"普通数字 2"。

（4）将最后六段文字设置为小五号，并转换为一个 6 行 5 列的表格，表格居中，表格第一列列宽为 3 厘米，其余列列宽为 2 厘米。

（5）在表格的右侧增加一列，列标题为"平均得分"，计算每一行的平均分（保留两位小数）；设置表格所有框线为 1.5 磅、蓝色、双实线。

**练习 3：（练习题目所需文件在"综合练习素材/ Word 综合练习/练习 3"文件夹下）**

（1）将文中所有错词"小雪"替换为"小学"；设置上、下页边距各为 3 厘米。

（2）将标题段文字（"全国初中招生人数已多于小学毕业人数"）设置为蓝色、三号仿宋、加粗、居中，并添加绿色方框。

（3）设置正文各段落（"本报北京 3 月 7 日电……教育事业统计范围。"）左右各缩进 1 字符，首行缩进 2 字符，段前间距 0.5 行；将正文第三段（"教育部有关部门……教育事业统计范围。"）分为等宽两栏，栏间添加分隔线（分栏时，段落范围包括本段末尾的回车符）。

（4）将文中后 8 行文字转换成一个 8 行 4 列的表格，设置表格居中，表格列宽为 2.5 厘米、行高为 0.7 厘米；设置表格中第一行和第一列文字水平居中，其余文字中部右对齐。

（5）按"在校生人数"列（依据"数字"类型）降序排列表格内容；设置表格外框线和第一行与第二行间的内框线为 3 磅、红色、单实线，其余内框线为 1 磅、绿色（标准色）、单实线。

**练习 4：**（练习题目所需文件在"综合练习素材/ Word 综合练习/练习 4"文件夹下）

（1）将标题段文字（"计算机基础教学分类探讨"）设置为三号、楷体、倾斜、居中，文本效果设置为"阴影（外部、右下斜偏移）""文本填充、纯色填充"，填充颜色为玫瑰红（红色 255、绿色 100、蓝色 100）。

（2）将文中所有错词"信息技术"替换为"计算机"；设置左、右页边距均为 3.5 厘米。

（3）设置正文各段落（"按照教育部高教司……解决问题的能力与水平。"）左右各缩进 2 字符，首行缩进 2 字符，段前间距 0.3 行；将正文第三段（"后续课的内容……解决问题的能力与水平。"）分为等宽两栏，栏间添加分隔线（分栏时，段落范围包括本段末尾的回车符）。

（4）将文中后 7 行文字转换成一个 7 行 2 列的表格，设置表格居中，表格列宽为 5 厘米、行高为 0.7 厘米；设置表格中第一行文字水平居中，其余文字中部右对齐。

（5）设置表格外框线和第一行与第二行间的内框线为 3 磅、标准色（绿色）、单实线，其余内框线为 1 磅、标准色（绿色）、单实线，设置表格为浅黄色（红色 255、绿色 255、蓝色 100）底纹。

**练习 5：**（练习题目所需文件在"综合练习素材/ Word 综合练习/练习 5"文件夹下）

（1）将标题段文字（"Web 2.0 时代"）设置为中文楷体、英文 Arial 字体、三号、红色、加删除线、加粗、居中并添加蓝色文字底纹。

（2）将正文各段落（"'Web 2.0'的概念开始于……Web 2.0 会议由此诞生。"）中的西文文字设置为小四号 Times New Roman 字体、中文文字设置为小四号仿宋体；各段落首行缩进 2 字符，段前间距为 0.5 行。

（3）设置正文第二段（"更重要的是……Web 2.0 会议由此诞生。"）行距为 1.3 倍；在页面底端中插入页码（普通数字 2）。

（4）计算"季度总计"行的值；以"全年合计"列为排序依据（第一关键字）、以"数字"类型降序排序表格（除"季度总计"行外）。

（5）设置表格居中，表格第一列宽为 2.5 厘米；设置表格外框线为 1.5 磅、蓝色、单实线，内框线为 0.75 磅、红色、单实线。

**练习 6：**（练习题目所需文件在"综合练习素材/ Word 综合练习/练习 6"文件夹下）

（1）将文中所有错词"气车"替换为"汽车"。将标题段文字（"2017 年中国车市中期总结（上）"）设置为 20 磅、红色、仿宋、加粗、居中，并添加波浪下划线。

（2）设置正文各段落（"晨报报道……股份有限公司"）为 1.2 倍行距、段前间距 0.5 行；设置正文第一段（"晨报报道……悬而未决。"）首字下沉 2 行（距正文 0.2 厘米）、其余各段落（"1 月 9 日……股份有限公司。"）首行缩进 2 字符。

（3）设置左、右页边距均为 2.8 厘米。

（4）将文中后 11 行文字转换成一个 11 行 3 列的表格，在表格末尾添加一行，并在其第一列（"名称"列）单元格内输入"合计"二字，在第二列（"六月销量"列）、第三列（"上半年总销量"）填入相应的合计值（保留 2 位小数）。

（5）设置表格居中、表格列宽为 3 厘米、行高为 0.7 厘米，表格中单元格对齐方式为水平居中（垂直、水平均居中）；设置表格外框线和第一行与第二行间的内框线为 1.5 磅、红色、双实线，其余内框线为 0.5 磅、红色、单实线。

**练习 7：**（练习题目所需文件在"综合练习素材/ Word 综合练习/练习 7"文件夹下）

（1）将文中所有错词"严肃"替换为"压缩"。将页面颜色设置为黄色（标准色）。

（2）将标题段文字（"WinImp 压缩工具简介"）设置为小三号、宋体、居中，并为标题段文字添加蓝色（标准色）阴影边框。

（3）设置正文（"特点……如表一所示"）各段落中的所有中文文字为小四号楷体、西文文字为小四号 Arial 字体；各段落悬挂缩进 2 字符，段前间距 0.5 行。

（4）将文中最后 3 行统计数字转换成一个 3 行 4 列的表格，表格样式采用内置样式"浅色底纹-强调文字颜色 2"。

（5）设置表格居中，表格列宽为 3 厘米，表格所有内容水平居中，并设置表格底纹为"白色，背景 1，深色 25%"。

**练习 8：**（练习题目所需文件在"综合练习素材/ Word 综合练习/练习 8"文件夹下）

（1）将标题段文字（"7 月份 CPI 同比上涨 6.3%，涨幅连续三个月回落"）设置为红色（标准色）、三号、黑体、加粗、居中、并添加着重号。

（2）将正文各段（"国家统计局……同比上涨 7.7%。"）中的文字设置为小四号、宋体，行距 20 磅。使用"编号"功能为正文第三段至第十段（"食品类价格……同比上涨 7.7%。"）添加编号"一、""二、"等。

（3）设置页面上、下边距均为 2 厘米，页面垂直对齐方式为底端对齐。

（4）将文中后 7 行文字转换成一个 7 行 3 列的表格，并将表格样式设置为"简明型 1"；设置表格居中、表格中所有文字水平居中；设置表格列宽为 3 厘米、行高为 0.6 厘米，设置表格所有单元格的左、右边距均为 0.3 厘米。

（5）在表格最后添加一行，并在"月份"列输入"7"，在"CPI"列输入"6.3%"，在"PPI"列输入"10.0%"；按"CPI"列（依据"数字"类型）降序排列表格内容。

练习9：（练习题目所需文件在"综合练习素材/ Word 综合练习/练习9"文件夹下）

（1）将标题段文字（"北京福娃"）设置为小二号、蓝色、黑体、居中，字符间距加宽 2 磅，段后间距 0.5 行。

（2）将正文各段文字（"福娃是北京……奥林匹克圣火的形象。"）中的中文文字设置为小四号、宋体；将正文第三段（"福娃是五个……奥林匹克圣火的形象。"）移至第二段（"每个娃娃都有……'北京欢迎你'。"）之前；设置正文各段首行缩进 2 字符、行距为 1.2 倍行距。

（3）设置页面上、下边距均为 3 厘米。

（4）将文中最后 6 行文字转换成一个 6 行 3 列的表格；在第 2 列与第 3 列之间添加一列，并依次输入该列内容"颜色""蓝""黑""红""黄""绿"；设置表格列宽为 2.5 厘米、行高为 0.6 厘米、表格居中。

（5）为表格第一行单元格添加黄色底纹；所有表格线设置为 1 磅、红色、单实线。

练习10：（练习题目所需文件在"综合练习素材/ Word 综合练习/练习10"文件夹下）

（1）将标题段文字（"黄金周"）设置为二号、红色、黑体、居中。

（2）将正文第一段内容（"国家法定节假日……如此等等。"）的文字设置为小四号、楷体、段落首行缩进 2 字符、行距 1.25 倍。

（3）将正文中第 2～3 段内容（"总之……在逐渐走高。"）设置成楷体、红色、小三号并加黄色段落底纹，段后间距 0.5 行。

（4）将文中后 6 行文字转换为一个 6 行 4 列的表格。设置表格居中，表格第 1 列列宽为 2.5 厘米，其余列列宽为 3.6 厘米，行高为 0.8 厘米；全表单元格对齐方式为水平居中（垂直、水平均居中）。

（5）分别用公式计算表格中 2～4 列的合计，填入对应的单元格中；设置表格外框线为 1.5 磅、蓝色、双实线、内框线为 0.5 磅、红色、单实线。

# 综合练习 2　Excel 综合练习

**练习 1：**（练习题目所需文件在"综合练习素材/Excel 综合练习/练习 1"文件夹下）

在工作表 Sheet1 中完成如下操作。

（1）为 E6 单元格添加批注，批注内容为"不含奖金"。

（2）设置"姓名"列的宽度为"12"，表 6～23 行的高度为"18"。

（3）将表中的数据以"工资"为关键字，按升序排序。

在工作表 Sheet2 中完成如下操作。

（1）将"姓名"列中的所有单元格的水平对齐方式设置为"居中"，并添加单下划线。

（2）在表的相应行，利用公式计算"数学""英语""语文""物理"的平均分。（小数位数为 0）

在工作表 Sheet3 中完成如下操作。

利用 4 种学科成绩和"姓名"列中的数据建立图表，图表标题为"成绩统计表"，图表类型为"簇状条形图"，并作为对象插入 Sheet3。

**练习 2：**（练习题目所需文件在"综合练习素材/Excel 综合练习/练习 2"文件夹下）

在工作表 Sheet1 中完成如下操作。

（1）设置表 B～G 列的宽度为"12"，表 6～15 行的高度为"18"。

（2）设置所有单元格的水平对齐方式为"居中"，字号为"10"。

在工作表 Sheet2 中完成如下操作。

（1）将 F6 单元格添加批注，内容为"含奖金"。

（2）将表格中的数据以"年龄"为关键字，按递减方式排序。

（3）利用"姓名"和"年龄"列的数据创建图表，图表标题为"教师年龄曲线图"，图表类型为"堆积数据点折线图"，并作为对象插入 Sheet2 中。

在工作表 Sheet3 中完成如下操作。

利用公式计算每种图书的数量总计和总价钱，并把结果存入相应单元格中。

**练习 3：**（练习题目所需文件在"综合练习素材/Excel 综合练习/练习 3"文件夹下）

注意：① 请按题目要求在指定单元格位置进行相应操作。

② 数据透视表直接在指定位置建立，不能通过复制、粘贴生成。

在工作表 Sheet1 中完成如下操作。

（1）利用公式计算"应发工资""会费""实发工资"（会费=基本工资*0.5%，计算结果均保留 2 位小数）。

（2）利用函数统计实发工资高于 1 300 元的职工人数，结果写入 F11 单元格中。

（3）将 A1:G1 区域的内容设置为"合并后居中"，字体为"华文行楷"，字号为"16"，下划线设置为单下划线，数字区域 C4:G9 的内容设置字体颜色为标准色蓝色，字形为"倾斜"。

（4）建立堆积条形图表比较前 3 位职工的基本工资和奖金情况，图表标题为"职工工资比较图"，图表布局选"图表布局 2"，并将图表放到工作表的下方。

（5）在本工作表的 I10 单元格开始位置建立数据透视表，以性别为行统计职工的"基本工资"总计和"实发工资"平均值（结果均保留 2 位小数），样式设置为"淡紫，数据透视表样式浅色 12"。

（6）重新为该工作表命名为"工资表统计"。

**练习 4：（练习题目所需文件在"综合练习素材/Excel 综合练习/练习 4"文件夹下）**

注意：① 请按题目要求在指定单元格位置进行相应操作。

② 数据透视表直接在指定位置建立，不能通过复制、粘贴生成。

（1）利用公式计算应缴纳的"公积金"和"实发工资"（公积金=基本工资*8%，实发工资=基本工资+奖金-公积金），均保留 2 位小数。

（2）利用函数计算各项"平均值"（保留 2 位小数）。

（3）将区域 A1:G1 标题单元格设置为"合并后居中"，字体设置为"楷体"，字号为"16"，区域 A3:A9 中"姓名"列的水平对齐方式为分散对齐（缩进），其他内容的水平对齐方式为"居中"。

（4）根据"姓名"和"奖金"绘制一个复合饼图，图表标题为"奖金分配比较图"，图例为职工姓名，选择"布局 2"，数据标志为"百分比"。图表形状填充主题颜色为"红色，个性色 2，淡色 80%"。

（5）将 Sheet2 重命名为"部门工资统计"。

（6）在"部门工资统计"工作表 A1 单元格位置开始建立数据透视表，以部门为行分别统计男女职工"实发工资"总计和"基本工资"平均值（结果保留 2 位小数），样式设置为"样式 12"。

**练习 5：（练习题目所需文件在"综合练习素材/Excel 综合练习/练习 5"文件夹下）**

在工作表 Sheet1 中完成如下操作。

（1）将"生产/出口能力比较"所在单元格水平对齐方式设为"居中"。

（2）设置"生产/出口能力比较"所在单元格的字体为"黑体"，字号为"14"。

（3）在"合计"行，利用公式计算 2016～2017 年各列的总和，并将结果存入相应单元格中。

（4）利用表中 B7:F11 区域的数据创建图表，图表标题为"产品生产情况一览表"，图表类型为"簇状柱形图"，并作为对象插入 Sheet1 中。

（5）为 B9 单元格添加批注，批注内容为"所有"。

（6）将 B 列的底纹颜色设置成淡蓝色。

**练习 6：**（练习题目所需文件在"综合练习素材/Excel 综合练习/练习 6"文件夹下）

在工作表 Sheet1 中完成如下操作。

（1）设置"姓名"列所有单元格的字体为"黑体"，字号为"16"。

（2）为 D6 单元格添加批注，批注内容为"扣税后"。

（3）使用本表中的数据，以"工资"为关键字，按降序方式排序。

在工作表 Sheet2 中完成如下操作。

（1）计算"总分"，结果分别存放在相应的单元格中。

（2）根据"姓名"和"总分"两列数据插入一个图，图表标题为"总分表"，图表类型为"圆环图"，并作为对象插入 Sheet2。

（3）将 B 列的底纹颜色设置成浅蓝色。

**练习 7：**（练习题目所需文件在"综合练习素材/Excel 综合练习/练习 7"文件夹下）

在工作表 Sheet1 中完成如下操作。

（1）将表格中"期末成绩表"所在单元格的水平对齐方式设为"居中"。

（2）利用公式计算出每位学生的总分数，并将结果放在相应单元格中。

（3）设置"期末成绩表"的字号为"16"，字体为"楷体_GB2312"。

（4）为 B7 单元格添加批注，批注内容为"全体"。

（5）将表中的数据以"化学"为关键字，按降序排序。

（6）利用"学生姓名""语文"列中的数据建立图表，图表标题为"学生语文成绩信息表"，图表类型为"堆积面积图"，将图表作为对象插入 Sheet1。

**练习 8：**（练习题目所需文件在"综合练习素材/Excel 综合练习/练习 8"文件夹下）

（1）设置"公司成员收入情况表"单元格的水平对齐方式为"居中"，字体为"黑体"，字号为"16"。

（2）设置 B7:E23 单元格区域外边框为单实线，内部为最细的虚线。

（3）将工作表重命名为"工资表"。

（4）利用公式计算"收入"列所有人平均收入，并将结果存入 D23 单元格中。

（5）设置表 B～E 列的宽度为"12"，表 6～23 行的高度为"18"。

（6）利用"编号"和"收入"列的数据创建图表，图表标题为"收入分析表"，图表类型为"饼图"，并作为对象插入"工资表"中。

**练习 9:**(练习题目所需文件在"综合练习素材/Excel 综合练习/练习 9"文件夹下)

在工作表 Sheet1 中完成如下操作。

(1)将表格中"期末成绩表"所在单元格的水平对齐方式设为"居中"。

(2)在 H8:H18 区域中,利用公式计算出每位学生的总分。

在工作表 Sheet2 中完成如下操作。

(1)设置"美亚华电器集团"的字号为"16",字体为"楷体_GB2312"。

(2)为 D7 单元格添加批注,内容为"纯利润"。

(3)将表格中的数据以"销售额"为关键字,按降序排序。

在工作表 Sheet3 中完成如下操作。

利用"姓名""奖金"数据建立图表,图表标题为"销售人员奖金表",图表类型为"堆积面积图",并作为对象插入 Sheet3 中。

**练习 10:**(练习题目所需文件在"综合练习素材/Excel 综合练习/练习 10"文件夹下)

在工作表 Sheet1 中完成如下操作。

(1)将表中"学生英语成绩登记表"所在的单元格的水平对齐方式设为"居中"。

(2)为 E8 单元格添加批注,批注内容为"一个钟头"。

(3)将表中的数据以"口语"为关键字,按升序方式排序。

(4)设置"学生英语成绩登记表"的字号为"16",字体为"楷体_GB2312"。

(5)计算每个同学的"总分",结果分别写在相应的单元格中。

(6)利用"姓名"和"总分"两列数据创建图表,图表标题为"总分表",图表类型为"圆环图",并作为对象插入 Sheet1。

# 综合练习 3　PowerPoint 综合练习

**练习 1:**（练习题目所需文件在"综合练习素材/PowerPoint 综合练习/练习 1"文件夹下）

（1）在第 1 张幻灯片的主标题中输入"数据通信技术和网络"，字体为"隶书"，字号为默认。

（2）在每张幻灯片的日期区插入演示文稿的日期和时间，并设置为自动更新（采用默认日期格式）。

（3）将第 2 张幻灯片的版式设置为垂直排列标题与文本，背景设置为"鱼类化石"纹理效果。

（4）为第 3 张幻灯片的剪贴画建立超链接，链接到上一张幻灯片。

（5）将演示文稿的主题设置为"环保"，应用于所有的幻灯片。

**练习 2:**（练习题目所需文件在"综合练习素材/PowerPoint 综合练习/练习 2"文件夹下）

（1）在第 1 张幻灯片中插入标题"植物对水分的吸收和利用"。

（2）设置第 3 张幻灯片的图片超级链接到第 2 张幻灯片。

（3）将第 1 张幻灯片的版式设置为"标题幻灯片"。

（4）在第 4 张幻灯片的日期区中插入自动更新的日期和时间（采用默认日期格式）。

（5）将第 2 张幻灯片中文本的动画效果设置为进入时"飞入"。

**练习 3:**（练习题目所需文件在"综合练习素材/PowerPoint 综合练习/练习 3"文件夹下）

（1）隐藏最后一张幻灯片（"The End"）。

（2）将第 1 张幻灯片的背景渐变填充颜色预设为"顶部聚光灯-个性色 6"。

（3）删除第 2 张幻灯片中所有一级文本的项目符号。

（4）将第 3 张幻灯片的切换设置为"随机线条"，将动画效果设置为"垂直"。

（5）将第 4 张幻灯片中插入的剪贴画的动画设置为进入时自顶部"飞入"。

**练习 4:**（练习题目所需文件在"综合练习素材/PowerPoint 综合练习/练习 4"文件夹下）

（1）将演示文稿的主题设置为"回顾"。

（2）将第 2 张幻灯片的标题"棋魂"的字体设置为"隶书"。

（3）将第 4 张幻灯片的版式设置为"仅标题"。

（4）将第 1 张幻灯片的艺术字"动画片"的进入动画效果设置为"基本旋转"。

（5）将演示文稿的幻灯片高度设置为"20.4 厘米（8.5 英寸）"。

**练习 5：**（练习题目所需文件在"综合练习素材/PowerPoint 综合练习/练习 5"文件夹下）

（1）将第 1 张幻灯片的主标题"枸杞"的字体设置为"华文彩云"，字号"60"。

（2）将第 2 张幻灯片中的图片设置动画效果设置为进入时"盒状"。

（3）给第 4 张幻灯片的"其他"建立超链接，链接到地址：http://www.163.com。

（4）将第 3 张幻灯片的切换设置为"立方体"，效果设置为"自左侧"。

（5）将演示文稿的主题设置为"离子会议室"。

**练习 6：**（练习题目所需文件在"综合练习素材/PowerPoint 综合练习/练习 6"文件夹下）

（1）将第 1 张幻灯片中的艺术字对象"自由落体运动"的动画效果设置为进入时自顶部"飞入"。

（2）将第 2 张幻灯片标题文本内容"自由落体运动"改为"自由落体运动的概念"。

（3）将所有幻灯片的切换效果设置为"百叶窗"，持续时间"02.00"。

（4）在最后插入一张"内容与标题"版式的幻灯片。

（5）在新插入的幻灯片中添加标题，内容为"加速度的计算"，字体为"宋体"。

**练习 7：**（练习题目所需文件在"综合练习素材/PowerPoint 综合练习/练习 7"文件夹下）

（1）将演示文稿的主题设置为"丝状"，并应用于所有幻灯片。

（2）将第 1 张幻灯片的主标题"营养物质的组成"的字体设置为"隶书"，字号不变。

（3）将第 5 张幻灯片的剪贴画的动画效果设置为自顶部"飞入"。

（4）为第 8 张幻灯片的剪贴画建立超链接，链接到第 2 张幻灯片。

（5）将第 8 张幻灯片的切换效果设置为"自底部擦除"。

**练习 8：**（练习题目所需文件在"综合练习素材/PowerPoint 综合练习/练习 8"文件夹下）

（1）将第 1 张幻灯片的版式设置为"标题幻灯片"。

（2）为第 1 张幻片添加标题，内容为"超重与失重"，字体为"宋体"。

（3）将整个幻灯片的宽度设置为"28.8 厘米（12 英寸）"。

（4）在最后添加一张"空白"版式的幻灯片。

（5）在新添加的幻灯片上插入一个文本框，文本框的内容为"The End"，字体为"Times New Roman"。

**练习 9：**（练习题目所需文件在"综合练习素材/PowerPoint 综合练习/练习 9"文件夹下）

（1）将第 1 张幻灯片的主标题"天龙八部"的字体设置为"黑体"，字号不变。

（2）为第 1 张幻片设置副标题"金庸巨著"，字体为"宋体"，字号默认。

（3）将第 2 张幻灯片的背景设置为"信纸"纹理。

（4）将第 3 张幻灯片的切换效果设置为"随机线条"，速度为默认。

（5）取消第 3 张幻灯片中文本框内的所有项目符号。

**练习 10：（练习题目所需文件在"综合练习素材/PowerPoint 综合练习/练习 10"文件夹下）**

（1）隐藏最后一张幻灯片（"Bye-bye"）。

（2）将第 1 张幻灯片的背景纹理设置为"绿色大理石"。

（3）删除第 3 张幻灯片中所有一级文本的项目符号。

（4）删除第 2 张幻灯片中的文本（非标题）原来设置的动画效果，重新设置动效果为进入"缩放"，并且次序上要比图片早出现。

（5）为第 3 张幻灯片中的图片建立超级链接，链接到第 1 张幻灯片。

# 第 4 部分
## 模 拟 测 试

本部分紧扣全国计算机等级考试一级 MS Office 考试大纲，给出 10 套模拟测试题，供读者应试前的模拟练习。

# 模拟测试 1

## 一、文字处理题（测试题目所需文件在"模拟测试素材/模拟测试 1"文件夹下）

1. 将标题段文字（"在美国的中国广告"）设置为楷体、三号、加粗、居中，并添加红色文字底纹。

2. 设置正文各段落（"说纽约是个广告之都……一段路要走。"）左右各缩进 0.5 厘米、首行缩进 2 字符、行距设置为 1.25 倍，并将正文中所有"广告"加波浪线。

3. 将正文第二段（"同为亚洲国家……平起平坐。"）分为等宽的两栏，栏宽为 19 字符，栏中间加分隔线。

4. 先将文中后 5 行文字设置为五号，然后转换成一个 5 行 5 列的表格，并根据内容调整表格。计算"季度合计"列的值，设置表格居中、行高为 0.8 厘米，表格中所有文字靠上居中。

5. 设置表格外框线为 1.5 磅蓝色双实线，内框线为 0.5 磅红色单实线，但第一行的下框线为 0.75 磅红色双实线。

## 二、电子表格题（测试题目所需文件在"模拟测试素材/模拟测试 1"文件夹下）

在工作表 Sheet1 中完成如下操作。

1. 将工作表重命名为"总计排序"。

2. 在 A1 行上面插入一行，输入内容为"恒和酒店上半年家电销售情况表"，将 A1:F1 单元格设置为"合并后居中"，字体设置为"楷体"，字号为"14"，字形为"加粗"。

3. 用函数计算"总计""合计""平均值"（均保留 2 位小数）。

4. 在单元格 F2 中显示动态制表的日期，日期的格式为"yyyy-m-d"。

5. 不改变原顺序，利用函数在 F5:F10 区域中显示销售量总额大小的名次。

6. 为数字区域 B5:F13 设置填充色为主题颜色"茶色，背景 2，深色 25%"，其他区域填充色为主题颜色"水绿色，个性色 5，深色 25%"，为区域 A1:F13 设置网格线，内部边框为细实线，外边框为双线。

7. 对 B5:E10 区域设置条件格式，用"红-黄-绿色阶"显示销售额的多少。

8. 建立堆积面积图表比较前三个月 3 种家电的销售情况，选择"图表布局 6"，图表标题为"销售比较图"，图例为家电名称。图表形状样式选"彩色轮廓-红色，强调颜色 2"。

**三、演示文稿题（测试题目所需文件在"模拟测试素材/模拟测试 1"文件夹下）**

1．插入一张幻灯片，版式为"标题幻灯片"，设计主题选择"离子会议室"主题。

（1）设置标题文字内容为"十万个问题"，字体为"幼圆"，字号为"66"，字形为"加粗"，颜色为"黄色 RGB（255，255，0）"。

（2）设置副标题文字内容为"最重的生物是什么"，字体为"楷体"，字号为"48"，字形为加粗，颜色为"红色 RGB（255，0，0）"，自定义动画为"弹跳"。

2．插入一张幻灯片，版式为"标题幻灯片"。

（1）设置标题文字内容为"答案是"，字体为"幼圆"，字号为"66"，字形为"加粗"，颜色为"红色 RGB（255，0，0）"。

（2）设置副标题文字内容为"鲸鱼"，字体为"楷体"，字号为"48"，字形为"加粗"，颜色为"黄色 RGB（255，255，0）"，自定义动画为"棋盘"，方向为"跨越"。

3．设置全部幻灯片切换的效果为"立方体"。

# 模拟测试 2

## 一、文字处理题（测试题目所需文件在"模拟测试素材/模拟测试 2"文件夹下）

1．将标题段文字（"中国亚运之路"）设置为黑体、四号、加粗、居中，字符间距加宽 2 磅，段后间距 0.5 行。

2．将正文第一段（"1951 年……亚洲运动会的比赛。"）进行分栏，要求分成三栏，栏宽相等，栏间不加分隔线，栏间距为 3 字符。

3．将正文 2～4 段（"在 1982 年……第十六届亚运会。"）右缩进设置为 5 字符、首行缩进 2 字符，行距为 1.25 倍。

4．将文档最后 17 行文字转换成 17 行 3 列的表格。设置表格居中，表格第一列、第三列列宽为 4 厘米，第二列列宽为 2 厘米，行高均为 0.6 厘米；全表单元格对齐方式为水平居中（垂直、水平均居中）。

5．将表格所有框线设置为 1.5 磅红色单实线。

## 二、电子表格题（测试题目所需文件在"模拟测试素材/模拟测试 2"文件夹下）

在工作表 Sheet1 中完成如下操作。

1．利用函数计算"应发工资""平均值""最大值"（均保留 2 位小数）。

2．用 IF 函数找出应发工资高于 800 元的职工，并用"需纳税"字样显示，其他无显示。

3．将区域 C3:F12 的数据设置为 2 位小数，字形为"倾斜"，水平对齐方式为"居中"。

4．为区域 A1:G12 设置内边框为最细虚线，外边框为双线。

5．将程程的工资绘制成一张饼图，比较"基本工资""补贴""奖金"所占应发工资的百分比。图表标题为"程程工资"，选择"图表布局 1"和"图表样式 10"，显示百分比（保留 2 位小数）和类别名称。

6．将区域 A1:G12 中的内容复制到 Sheet2 中首行（A1 单元格为起始位置）。

在工作表 Sheet2 中完成如下操作。

1．将 Sheet2 重命名为"工资统计"。

2．建立分类汇总表，按车间分别统计"奖金"和"应发工资"的总计。（提示：按升序排序）

三、演示文稿题（测试题目所需文件在"模拟测试素材/模拟测试 2"文件夹下）

1．插入一张幻灯片，幻灯片版式为"空白"。

（1）插入一个横排文本框，设置文字内容为"应聘人基本资料"，字体为"隶书"，字号为"36"，字形为"加粗、倾斜"，字体效果为"阴影"。

（2）设置幻灯片背景填充纹理为"粉色面巾纸"。

（3）在幻灯片中添加任意一个剪贴画。

2．插入第 2 张幻灯片，选择幻灯片版式为"标题和内容"：

（1）设置标题文字内容为"个人简介"。

（2）在文本处添加"姓名：张三""性别：男""年龄：24""学历：本科"4 个项目。

（3）在幻灯片中添加任意一个剪贴画。

（4）设置标题自定义动画为"自右侧飞入"，文本自定义动画为"淡化"，剪贴画自定义动画为"飞入"。

3．设置全部幻灯片切换效果为"全黑淡出"。

# 模拟测试 3

**一、文字处理题**（测试题目所需文件在"模拟测试素材/模拟测试 3"文件夹下）

1. 将标题段文字（"高考作文阅卷"）设置为小二号、蓝色、黑体，并添加红色方框。

2. 设置正文各段落（"按照教育部……有所延长。"）左右各缩进 2 字符，行距为 18 磅，段前间距 0.5 行。

3. 插入页眉并在页眉居中位置输入文字"高考速递"。设置页面纸张大小为"A4"。

4. 将文中后 8 行文字转换成一个 8 行 3 列的表格，设置表格居中，并根据内容调整表格，设置单元格对齐方式为水平居中（垂直、水平均居中）。

5. 设置表格外框线为 0.75 磅、蓝色、双窄实线，内框线为 0.5 磅、红色、单实线；设置表格第一行为黄色底纹；在表格第一行第一列单元格内输入列标题"录取批次"。

**二、电子表格题**（测试题目所需文件在"模拟测试素材/模拟测试 3"文件夹下）

在工作表 Sheet1 中完成如下操作。

1. 为 B8 单元格添加批注，批注内容为"九五级"。

2. 设置表 B～F 列的宽度为"12"，表 9～19 行的高度为"18"。

3. 在"奖学金"列，利用公式计算每个学生奖学金金额总和，结果存入相应单元格中。

4. 设置"学生基本情况表"所在单元格的水平对齐方式为"居中"，字号为"16"，字体为"楷体_GB2312"。

5. 利用"姓名"和"奖学金"列中的数据创建图表，图表标题为"奖学金情况"，图表类型为"数据点折线图"，并作为对象插入 Sheet1。

6. 将表中的数据以"奖学金"为关键字，按升序排序。

**三、演示文稿题**（测试题目所需文件在"模拟测试素材/模拟测试 3"文件夹下）

1. 在第 1 张幻灯片中完成如下操作。

（1）设置标题的自定义动画为"劈裂"，中央向左右展开。

（2）设置文本的自定义动画为"阶梯状"，向右下展开，整批发送。

2. 在第 2 张幻灯片中完成如下操作。

（1）设置标题的样式：字体为"华文行楷"，字号为"48"，颜色为"红色 RGB（255，0，0）"。

（2）插入任一剪贴画，并设置动画效果为"飞入"。

3．设置所有幻灯片页脚内容为"世界大都市评价指标"，并添加幻灯片编号。

4．设置全部幻灯片的切换效果为"自右侧覆盖"，声音设为"风铃"，设置幻灯片切换"自动换片时间为2秒"，取消选中"单击鼠标时"复选框。

# 模拟测试 4

**一、文字处理题**（测试题目所需文件在"模拟测试素材/模拟测试 4"文件夹下）

1. 设置页面上、下边距均为 4 厘米。

2. 将标题段文字（"中国奥运之路"）设置为小初号、红色、宋体、居中；将副标题段文字"（圆梦 2008）"设置为三号、黑体、加粗、居中，段后间距 2 行。

3. 将正文各段（"1932 年第十届奥运会……金牌榜首位。"）中的中文文字设置为小三号、宋体；西文文字设置为小三号、Arial 字体。各段落段前间距为 0.2 行。

4. 将文中后 8 行文字转换成一个 8 行 4 列的表格。设置表格第一行居中、黑体、六号，除第一行，其余各行单元格对齐方式为中部两端对齐。

5. 设置表格列宽为 2 厘米、行高为 0.6 厘米，设置表格外框线为 1 磅、蓝色、单实线，内框线为 0.5 磅、红色、单实线。表格内容按"金牌数"列以"数字"类型升序排序。

**二、电子表格题**（测试题目所需文件在"模拟测试素材/模拟测试 4"文件夹下）

在工作表 Sheet1 中完成如下操作。

1. 利用函数计算"合计""最大值""平均"（均保留到整数）。

2. 将区域 B3:F12 中的字形设置为"倾斜"，对齐方式为"居中"，填充色为主题颜色"蓝色，强调文字颜色 1，淡色 40%"；A1:F12 区域填充色为主题颜色"黑色，文字 1，淡色 50%"。将标题区域 A1:F1 设置为"合并后居中"，将区域 A1:F12 设置内外边框，线条样式均为细实线。

3. 用函数找出"声卡"排名第 3 和倒数第 2 的数值，分别显示在 F16 和 F17 单元格中。

4. 根据前 3 种产品按照月份变化绘制一个带数据标记的折线图，选择"图表布局 12"，彩色轮廓选"橙色，强调颜色 6"。

5. 对 B3:F8 区域设置条件格式，利用图标集形状中的"红-黑渐变"表示数据大小。

6. 将区域 A1:F8 的数据复制到 Sheet2 工作表中（A1 单元格为起始位置）。

在工作表 Sheet2 中完成如下操作。

筛选出 CPU 产量位于前 3 名的记录，并将 Sheet2 重命名为"筛选"。

**三、演示文稿题**（测试题目所需文件在"模拟测试素材/模拟测试 4"文件夹下）

1. 插入一张幻灯片，版式为"标题幻灯片"，选择设计主题为"积分"，并完成如下设置。

（1）设置标题内容"美好的大学时光"，字体为"隶书"，字号为"60"，字形为"加粗"。

（2）设置副标题内容"影音版"，字体为"隶书"，字号为"32"，字形为"加粗"。

（3）幻灯片切换方式为"自左侧推入"。

2．插入一张幻灯片，版式为"空白"，并完成如下设置。

（1）插入任意一个剪贴画，设置自定义动画为"自左侧飞入"。

（2）插入横排文本框，设置文字内容为"我们的未来掌握在自己的手中"，字号为"40"，文字居中，文本框的形状样式为"浅色1 轮廓，彩色填充-绿色，强调颜色1"（第3行第2列），自定义动画为"向内溶解"。

（3）插入艺术字的样式为"填充-橙色，强调文字颜色3，轮廓-文本2"（第1行第5列），设置文字内容为"同学们努力吧"，字体为"隶书"，字号为"40"，自定义动画为"劈裂"，方向为"左右向中央收缩"。

# 模拟测试 5

## 一、文字处理题（测试题目所需文件在"模拟测试素材/模拟测试 5"文件夹下）

1．在第 1 段落中插入艺术字"阳光的声音"，形状为第 4 行第 2 个。文本效果为转换中的弯曲的正三角形。设置艺术字环绕方式为"四周型"。

2．设置第 1 段正文"阳光也有……抵达心灵。"仿宋、小四号。设置首字下沉，行数为"3"。为"什么权利……什么地位。"加双删除线。

3．将第 2 段正文首行缩进 2 字符，左右缩进 25 磅，行距为 20 磅，楷体四号，加橄榄色单波浪线边框。

4．创建公式，设置左对齐。

5．插入形状中"卷形：水平"，并添加文字"学习心得"，字的颜色设置为"红色"，字体设置为"隶书"，字号为"四号"。

6．将文本转换为表格，设置为三线表格，并设置线型为 1.5 磅。用函数计算总分。

7．设置页眉为"阳光的声音"，对齐方式为"居中"。

## 二、电子表格题（测试题目所需文件在"模拟测试素材/模拟测试 5"文件夹下）

在工作表 Sheet1 中完成如下操作。

1．重命名 Sheet1 工作表为"筛选统计"。

2．在 A1 行前插入一行标题，标题内容为"长城电脑公司职工工资表"，字体为"华云彩云"，字的颜色设置为"标准色 红色"，字号设置为"16"，将标题 A1:F1 区域设置为"合并后居中"。

3．利用公式计算公积金（按基本工资的 12%缴纳）、实发工资（实发工资=基本工资+奖金−公积金），用函数计算所有项的最大值和平均值（结果均保留 2 位小数）。

4．为 B3:B9 区域设置对齐方式为"分散对齐（缩进）"，其他内容对齐方式为"居中"，将区域 A2:F2 中的底纹颜色设置为主题颜色"水绿色，强调文字颜色 5，淡色 40%"，字形为"加粗"，字号为"14"。

5．为 A1:F12 区域设置内外边框颜色为标准色"绿色"，内框样式为点划线，外框为双实线。

6．根据前 4 位员工的"基本工资"和"实发工资"绘制三维簇状柱形图，图例为姓名，图表标题为"工资比较图"，选择"图表布局 1"和"图表样式 16"，形状样式选"强烈效果−蓝色，强调颜色 1"。将图表放在工作表右侧。

7．在 A14 单元格建立筛选条件，利用"高级筛选"功能查找"研发部"奖金在

1500 元以上，或实发工资在 4000 元以上所有职工的记录，并将筛选结果显示在单元格 F15 中。

三、演示文稿题（测试题目所需文件在"模拟测试素材/模拟测试 5"文件夹下）

1．设置所有幻灯片背景颜色为"淡紫色 RGB（204，153，255）"。

2．在第 2 张幻灯片中，插入图片"mouse.jpg"，设置图片动画样式为"自左侧擦除"。

3．在第 1 张幻灯片前插入一张新幻灯片，版式为"标题和内容"，并完成如下设置。

（1）设置标题文字内容为"猫与鼠"，字体为"华文琥珀"，字号为"66"，对齐方式为"左对齐"。

（2）设置文本框内容为"机警的猫""老鼠一家"两行文字，并设置如样张所示的项目编号。

4．设置幻灯片放映方式为"在展台浏览（全屏幕）"。

5．设置全部幻灯片的切换方式为"棋盘"，切换效果为"自左侧"，换片方式为"设置自动换片时间 3 秒"，取消选中"单击鼠标时"复选框。

# 模拟测试 6

## 一、文字处理题（测试题目所需文件在"模拟测试素材/模拟测试 6"文件夹下）

1. 设置纸张大小为"自定义大小"，宽度为"708.75 磅"，高度为"850.5 磅"，上、下、左、右页边距均为"85.05 磅"。

2. 将正文第 1 段的句子"狮身人面像……为古埃及文明最有代表性的遗迹。"复制到正文第 2 段的最前面（注：不是单独的段，是原第 2 段的一部分）。

3. 设置正文所有段落样式为"正文文本"，字体为"仿宋"，字号为"小四"，首行缩进为"24 磅"，行距为"20 磅行距"，段后间距为"6 磅"。

4. 将第 1 段"狮身人面像……称呼它。"去除首行缩进，设置分栏，栏数为"2"，栏间距为"1 字符"，栏宽相等，栏间添加分隔线。设置首字下沉，首字字体为"仿宋"，下沉行数为"3 行"。

5. 插入艺术字，样式为第二行第一列，内容为"狮身人面像"，字体为"隶书"，字号为"40"，字形为"倾斜"，环绕方式为"四周型"。

6. 插入当前试题所在文件夹下的图片"W07-M.jpg"，环绕方式为"四周型"。

7. 设置页眉为"狮身人面像"，居中。

8. 插入三线表格。

## 二、电子表格题（测试题目所需文件在"模拟测试素材/模拟测试 6"文件夹下）

在工作表 Sheet1 中完成如下操作。

1. 利用公式计算"实发工资"（实发工资=基本工资+补贴+奖金-水电费）和"平均值"（计算到 G 列）。如果"实发工资"高于 2 000 元的部分按 5%缴纳，计算每位职工的缴税额。以上均保留 2 位小数。

2. 在 A1 行前插入一行标题，输入内容为"大宇开发公司销售部职工工资表"，字体设置为"黑体"，字号为"14"，将 A1:H1 区域"合并后居中"。

3. 不改变原数据表顺序，利用函数在 H3:H8 区域中显示缴税额多少的名次。

4. 比较"白琼"和"陈利"两位职工的"基本工资""奖金""实发工资"，绘制一个三维簇状柱形图。选择"图表布局 6"，不要图表标题，形状样式"强烈效果-紫色，强调颜色 4"。

5. 将区域 A2:G10 中的内容复制到 Sheet2 中首行（A1 单元格为起始位置）。

在工作表 Sheet2 中完成如下操作。

1. 将工作表 Sheet2 重命名为"筛选"。

2．筛选出"奖金"和"缴税额"都高于平均值的职工记录。

三、演示文稿题（测试题目所需文件在"模拟测试素材/模拟测试 6"文件夹下）

1．选择设计主题"切片"，应用到所有幻灯片。

2．设置第 2 张幻灯片的标题"迪斯尼动画形象"的超链接为"http://www.cartoon.com/"。

3．在最后插入一张新幻灯片，版式为"图片与标题"，并完成如下设置。

（1）设置标题文字内容为"唐老鸭的生日"，字体为"黑体"，字号为"60"，"居中"。

（2）设置文本框内容为"生日会"，字体为"华文隶书"，字号为"36"，颜色为"红色 RGB（255，0，0）"。

（3）在剪贴画处插入图片"Ath.jpg"，设置高度为"8 厘米"。

4．设置所有幻灯片的切换效果为"自右侧推入"，幻灯片换片方式为间隔 2 秒自动换片，取消选中"单击鼠标时"复选框。

# 模拟测试 7

## 一、文字处理题（测试题目所需文件在"模拟测试素材/模拟测试 7"文件夹下）

1. 设置标题"美丽"的字体文本效果为第 1 行第 2 列"填充：蓝色，主题色 1；阴影"，字体为"宋体"，字号为"二号"，对齐方式为"居中"。

2. 设置第 1 段正文"在这个……伟大的美丽。"的字体为"仿宋"，"加粗"，字号为"小四"。

3. 为第 1 段正文分栏，栏数为"2"，栏宽相等。为正文设置首字下沉，下沉行数为"3"。将文字"美丽是无私的奉献。"字体颜色设置为"红色"，加着重号。

4. 为第 2 段正文设置为"华文楷体"，"四号"，首行缩进 2 字符，左右边距缩进 15 磅，行距为 16 磅，加 1.5 磅波浪线边框。

5. 插入"图片.jpg"，环绕方式为"四周型"。

6. 创建公式，填充为"橙色，强调文字颜色 6，淡色 40%"，对齐方式为"居中"。

7. 建立三线表格，填充标题行为"白色，背景 1，深色 15%"，用函数计算总分。

## 二、电子表格题（测试题目所需文件在"模拟测试素材/模拟测试 7"文件夹下）

在工作表 Sheet1 中完成如下操作。

1. 利用公式计算"总成绩"（总成绩=平时成绩*0.2+期中成绩*0.3+期末成绩*0.5），利用函数计算出"平均成绩"，均保留 1 位小数。

2. 利用 IF 函数计算并显示"成绩等级"，其中：≥85 分为"优秀"，<60 分为"不及格"，其余不显示任何信息（可输入一对西文双引号）。

3. 将区域 B5:B12 中的水平对齐方式设置为"分散对齐（缩进）"，A4:H14 区域的其他内容对齐方式为"居中"。

4. 将区域 A1:H14 内外边框均设置为细实线边框，A1:H1 的标题区域设置为"合并后居中"，标题下划线设置为双下划线，字体为"黑体"，字号为"16"。

5. 根据后 3 位同学的"平时成绩""期中成绩""期末成绩"绘制堆积圆柱图，图表标题为"成绩比较图"，选择"图表布局 5"。

6. 在 Sheet2 中 A1 单元格起始位置建立数据透视表，按班级和性别（班级为行，性别为列）统计总成绩的平均值和最大值，结果保留 1 位小数。

7. 将 Sheet2 工作表重命名为"成绩汇总"。

三、演示文稿题（测试题目所需文件在"模拟测试素材/模拟测试 7"文件夹下）

1．选择设计主题为"离子"。

2．给所有幻灯片插入页脚"北京古城"。

3．在第 2 张幻灯片中，插入一个横排文本框，设置如下。

（1）设置文字内容为"北京古城的京剧"，字体为"华文彩云"，字形为"加粗"，字号为"60"。

（2）设置文字颜色为"红色 RGB（255，0，0）"，对齐方式为"右对齐"。

4．在第 3 张幻灯片后插入一张新幻灯片，版式为"仅标题"，在新插入的幻灯片上进行如下操作。

（1）设置主标题文字内容为"宗教建筑"，字体为"华文隶书"，字号为"60"。

（2）插入图片"P09-M.gif"，设置动画效果为"翻转式由远及近"。

5．设置全部幻灯片的切换效果为"自左侧揭开"。

# 模拟测试 8

## 一、文字处理题（测试题目所需文件在"模拟测试素材/模拟测试 8"文件夹下）

1. 设置页面上、下边距均为 2.5 厘米，左、右边距均为 3 厘米，行间距 18 磅。
2. 设置正文字体为"幼圆"，字号为"五号"。
3. 设置第 2 段正文为"五号""华文行楷""右对齐"。在其后插入尾注"摘自计算机网络技术"，字号为"小五号"。
4. 插入艺术字，样式选第 2 行 4 列，艺术字内容为"网络浅谈"，字体为"宋体""小初"，环绕方式设置为"四周型"。
5. 设置分栏，栏数为"2"，栏宽相等。设置首字下沉，行数为"3"。
6. 插入图片"图片.jpg"，环绕方式为"四周型"。
7. 插入表格，并设置外边框为双线，内边框线为单线，表内文字"五号""宋体"。
8. 插入页眉"网络世界"，"左对齐"。

## 二、电子表格题（测试题目所需文件在"模拟测试素材/模拟测试 8"文件夹下）

在工作表 Sheet1 中完成如下操作。
1. 为 C6 单元格添加批注，内容为"所有"。
2. 设置 B 列宽度为"12"，表 6～16 行，高度为"18"。
3. 将表中的数据以"总分"为关键字，按升序排序。
4. 将"姓名"一列的单元格水平对齐方式设置为"居中"，并添加单下划线。
5. 在表的相应列，利用公式计算"数学""英语""计算机""物理"各自的平均分。
6. 将 B 列的底纹颜色设置成"浅蓝色"。
7. 根据"四种学科成绩和姓名列"制作图表，图表标题为"成绩统计表"，图表类型为"簇状条形图"，并作为对象插入工作表 Sheet1。

## 三、演示文稿题（测试题目所需文件在"模拟测试素材/模拟测试 8"文件夹下）

1. 将幻灯片母版的主标题文字设置为"加粗""倾斜"。
2. 将第 1 张幻灯片的背景填充纹理设置为"白色大理石"。
（1）将标题"创建演讲者备注和讲义"设置字体为"隶书"，字号为"60"，颜色为"红色 RGB（255，0，0）"。
（2）将该幻灯片右下角图片动画效果设置为"自右侧飞入"。

3．将第 2 张幻灯片的背景填充纹理设置为"水滴"。

（1）将该幻灯片中图片的动画效果设置成"旋转"，主体文本的动画效果设置为"自左侧擦除"。

（2）在右下角添加超链接到上一张幻灯片的动作按钮。

4．所有幻灯片的切换效果设置为"垂直百叶窗"，换片方式设置为自动换片时间间隔 3 秒，取消选中"单击鼠标时"复选框。

# 模拟测试 9

**一、文字处理题**（测试题目所需文件在"模拟测试素材/模拟测试 9"文件夹下）

1．设置第 1 段正文字体"清晨……好地方啊！"为"仿宋"，字号为"小四"，行间距为固定值"20 磅"。

2．设置第 1 段正文分栏，栏数为"3"，栏宽相等，间距均为"1 字符"，加分隔线。

3．设置第 1 段正文首字下沉，行数为"3"。为正文"真是人杰地灵的好地方啊！"加红色波浪下划线。

4．插入指定图片"图片.jpg"，环绕方式为"四周型"。

5．设置第 2 段正文左、右缩进 8 磅，段前、段后间距 1 行，1.5 倍行间距，首行缩进 2 字符，加 1.5 磅红色边框线。

6．插入表格并设置外边框为 0.75 磅双线，内边框线为 0.5 磅单线，输入数据并用函数计算平均分。

7．设置页眉内容为"大工的早晨"，对齐方式为"左对齐"。

**二、电子表格题**（测试题目所需文件在"模拟测试素材/模拟测试 9"文件夹下）

1．设置 B8:H13 单元格区域外边框为红色、双实线，内部为蓝色、细实线。

2．设置 B6:H6 单元格区域水平对齐方式为"居中"、字号为"14"、字形为"加粗"。

3．标题加单下划线。

4．设置表格内所有数据单元格水平对齐方式为"居中"。

5．计算每个同学的总分，并填入相应单元格中。

6．计算每个同学的平均分，并填入相应单元格中。

7．将表格中的数据以"总分"为主要关键字，按降序进行排序。

8．根据"姓名""高等数学""大学英语""计算机基础"4 列数据创建图表，图表类型为"簇状柱形图表"，并作为对象插入 Sheet1 中。

**三、演示文稿题**（测试题目所需文件在"模拟测试素材/模拟测试 9"文件夹下）

1．设置幻灯片主题为"龙腾四海"。

2．在第 1 张幻灯片中插入任意剪贴画，将"2008 北京奥运会"字体设置为"华文琥珀"，颜色设置为"红色 RGB（255，0，0）"。

3．给第 3 张标题为"北京 2008 奥运会会徽"的幻灯片加上页脚，内容为"北京 2008"。设置文字"北京 2008 奥运会会徽"的颜色为"紫色，RGB（112，48，160）"，字体为"华文行楷"，字号为"54"。

4．设置第 4 张幻灯片的文字颜色为"橙色 RGB（255，192，0）"，文本框动画效果为"缩放"。

5．设置幻灯片宽度为"30 厘米"，高度为"20 厘米"，第 1 张幻灯片起始编号为"5"。

# 模拟测试 10

## 一、文字处理题（测试题目所需文件在"模拟测试素材/模拟测试 10"文件夹下）

1. 设置正文字体（"清晨……好地方啊！"）为"仿宋"，字号为"小四"。
2. 设置行距为固定值"28 磅"。
3. 设置分栏，栏数为"2"，偏左，加分隔线。
4. 设置首字下沉，行数为"2"。为"真是人杰地灵的好地方啊！"加着重号。
5. 插入指定图片，并设置环绕方式为"四周型"。
6. 插入自选图形中的"前凸带形"并添加文字"大工的早晨"，字体为"隶书"，字号为"三号"。
7. 创建公式，填充颜色为"橙色"，对齐方式为"居中"。
8. 插入表格并设置外边框为双线，内边框线为单线。

## 二、电子表格题（测试题目所需文件在"模拟测试素材/模拟测试 10"文件夹下）

在工作表 Sheet1 中完成如下操作。

1. 在 A1 行前插入一行，输入内容为"东方大厦职工工资表"，字体设置为"楷体"，字号为"16"，字体颜色为标准色"紫色"，并将 A1:F1 区域设置为"合并后居中"。
2. 将姓名列 A3:A9 区域水平对齐方式设置为"分散对齐（缩进）"，其他区域水平对齐方式设置为"居中"。
3. 设置 A2:F2 区域各行字体为"黑体""14"号字，A1:F11 区域设置内外边框线颜色为"标准色 绿色"，样式为细实线。
4. 利用公式计算"实发工资"（实发工资=基本工资+奖金-水电费），用函数计算各项平均值（不包括工龄，结果保留 2 位小数）。
5. 在 E13 单元格中利用函数统计工龄不满 5 年职工的奖金和。
6. 建立簇状柱形图表比较后 3 位职工的基本工资、奖金和实发工资情况。图例为职工姓名，图表样式选择"图表样式 26"，形状样式选"细微效果-紫色，强调颜色 4"，并将图表放到工作表的右侧。
7. 将 A1:F9 区域的数据复制到 Sheet2 中（A1 单元格为起始位置）。

在工作表 Sheet2 中完成如下操作。

1. 将工作表 Sheet2 重命名为"筛选统计"。
2. 筛选出工龄 5 年及以下，且奖金高于（包括）500 元的职工记录。

三、演示文稿题（测试题目所需文件在"模拟测试素材/模拟测试 10"文件夹下）

1．插入一张新幻灯片，版式为"两栏内容"，并完成如下设置。

（1）设置标题的文字内容为"我的朋友"，字号为"54"，字体为"华文彩云"，字色为"红色 RGB（255,0,0）"。

（2）设置文本各行的内容分别为"王明""陈东""刘刚""李峰""高云""郑平"。

（3）插入考试目录文件夹下的"图片 1.jpg"，设置其高度为"7.2 厘米"，宽度为"7.55厘米"。

2．插入一张新幻灯片，版式为"空白"，并完成如下设置。

（1）插入考试目录文件夹下的"图片 2.jpg"。

（2）设置图片的动画效果为"弹跳"。

3．设置所有幻灯片的切换方式为"时钟"，效果为"逆时针"，幻灯片换片方式为自动换片时间间隔 3 秒，取消选中"单击鼠标时"复选框。

# 参 考 文 献

陈立潮，曹建芳，2018. 大学计算机基础教程：面向计算思维和问题求解[M]. 北京：高等教育出版社.

陈立潮，曹建芳，2018. 大学计算机基础实践教程：面向计算思维和问题求解[M]. 北京：高等教育出版社.

何鹏，刘研，杨鑫，2015. 大学计算机基础实验指导[M]. 北京：中国水利水电出版社.

刘光洁，2014. 大学计算机基础教程[M]. 2版. 北京：人民邮电出版社.

骆斯文，黎升洪，刘喜平，2018. 大学计算机基础实验教程[M]. 北京：科学出版社.

万征，刘喜平，骆斯文，2018. 面向计算思维的大学计算机基础[M]. 北京：科学出版社.

吴登峰，晏愈光，2015. 大学计算机基础教程[M]. 北京：中国水利水电出版社.

张彦，2017. 全国计算机等级考试一级教程：计算机基础及 MS Office 应用[M]. 北京：高等教育出版社.